Nadya Abdulmonim AL-Awainati
Mona Abdulla AL-Asmakh
Alexander Amato

Contando os carbonos

Nadya Abdulmonim AL-Awainati
Mona Abdulla AL-Asmakh
Alexander Amato

Contando os carbonos

Avaliação dos cálculos das emissões de CO_2 do Qatar

ScienciaScripts

Imprint
Any brand names and product names mentioned in this book are subject to trademark, brand or patent protection and are trademarks or registered trademarks of their respective holders. The use of brand names, product names, common names, trade names, product descriptions etc. even without a particular marking in this work is in no way to be construed to mean that such names may be regarded as unrestricted in respect of trademark and brand protection legislation and could thus be used by anyone.

Cover image: www.ingimage.com

This book is a translation from the original published under ISBN 978-3-659-14512-4.

Publisher:
Sciencia Scripts
is a trademark of
Dodo Books Indian Ocean Ltd. and OmniScriptum S.R.L publishing group

120 High Road, East Finchley, London, N2 9ED, United Kingdom
Str. Armeneasca 28/1, office 1, Chisinau MD-2012, Republic of Moldova, Europe
Printed at: see last page
ISBN: 978-620-7-90789-2

Índice

Agradecimentos

Gostaríamos de começar por agradecer ao nosso supervisor, Dr. Alex Amato, por todas as sessões frutuosas e pelo seu encorajamento na procura de conhecimentos. Gostaríamos também de agradecer ao Diretor do programa, Professor Antoine Hyafil, pelo seu apoio contínuo durante o nosso tempo na HBKU. Para além disso, a assistente do programa, Hoda Hamze, fez um excelente trabalho na organização dos modelos e respondeu prontamente às nossas perguntas.

Gostaríamos de agradecer a todas as organizações que contactámos. QEERI, QP, Rasgas e QU. Obrigado por terem tido tempo para discutir os nossos pensamentos e ideias, e por partilharem as acções da vossa organização relativamente às alterações climáticas.

Aos nossos pais bondosos, irmãs queridas, familiares que nos apoiam e amigos inestimáveis:

Obrigado a todos pelo vosso apoio, amor e encorajamento ao longo do nosso percurso. Nunca atingiríamos este nível de sucesso sem o vosso apoio e orientação.

Finalmente, a bebé Amina; és a fonte da nossa felicidade e alegria. Ver-vos crescer enquanto trabalhamos na nossa tese foi a melhor parte da nossa viagem.

Com os meus cumprimentos,

Nadia e Mona

1.0 Introdução

1.1 Resumo

As alterações climáticas são a questão ambiental global mais premente da atualidade, com um impacto potencialmente devastador no desenvolvimento humano. O Painel Intergovernamental sobre as Alterações Climáticas (IPCC) estabeleceu o consenso de que as alterações climáticas estão claramente ligadas à atividade humana. O Qatar está a abordar o fenómeno das alterações climáticas através do pilar ambiental da Visão Nacional do Qatar 2030. No entanto, a pegada de carbono do Qatar tem em conta a produção de energia do país e não o seu consumo interno. O Qatar é injustamente retratado como o maior emissor de dióxido de carbono do mundo em termos de medidas per capita. Este documento apresenta uma análise compreensiva da medida de comunicação per capita do Qatar e da imagem global do Qatar em termos de outras medidas de comunicação. Além disso, o documento discute os problemas da utilização de um sistema de contabilidade baseado na produção versus um sistema de contabilidade baseado no consumo para o cálculo das emissões de dióxido de carbono do Qatar. A primeira secção do documento inclui um historial das alterações climáticas, do seu impacto e das medidas de mitigação. A segunda secção discute a posição global do Qatar utilizando diferentes medidas de comunicação das emissões de CO_2 , incluindo as emissões absolutas de CO_2 , a intensidade das emissões de CO_2 e as emissões de CO_2 por PIB. A terceira parte explora o cálculo per capita do Qatar, incorporando o sistema de contabilidade baseado no consumo. A secção final abrange as iniciativas limpas do Qatar e apresenta recomendações para novas emissões zero.

1.2 Antecedentes do problema

O Qatar está a contribuir para a redução do dióxido de carbono antropogénico (CO_2) através do fornecimento de gás natural líquido (GNL) ao mundo, mas a sua imagem negativa é a de maior emissor de CO_2 per capita. O facto de ser o maior emissor de CO_2 per capita afectou a sua capacidade de atrair investimentos ecológicos e de melhorar a atração do país no mercado do turismo.

A posição do Qatar como líder na emissão de CO_2 per capita tornou-o pouco atrativo para os investidores, tanto a nível interno como externo, devido à perceção de que o investimento não seria "verde" (Sofotasio, Hughes e Calautit, 2015).

1.3 Declaração do problema

O principal argumento do documento é discutir as emissões de CO_2 per capita do Qatar em comparação com outras medidas de comunicação e examinar a diferença entre a utilização de um sistema de contabilização das emissões de CO_2 baseado no consumo e um sistema baseado na produção para o Qatar.

1.4 Limitações do estudo

As principais limitações do projeto são descritas a seguir:

- Os dados utilizados para o estudo provêm do Banco Mundial e os valores mais recentes são de 2011. Algumas partes dos dados estão disponíveis a partir de 2013, mas o conjunto completo aqui utilizado é de 2011.

- A análise da medida contabilística baseada no consumo é dada em termos do valor em dólares das importações e exportações; o Brunei foi escolhido como país comparativo com o Qatar porque partilham características semelhantes.

- Os cálculos exactos da medida contabilística do consumo de CO_2 não foram efectuados, uma vez que exigem quadros de entradas e saídas muito complexos, incluindo todas as fases da produção, desde a extração da matéria-prima até à montagem final e, por fim, à venda final do produto.

2.0 Antecedentes: Ciência climática, impactos e mitigação

As alterações climáticas e o aquecimento global são os fenómenos mais prementes que exigem uma atenção global. A influência humana foi detectada no aquecimento da atmosfera e dos oceanos, nas alterações do ciclo global da água, na redução da neve e do gelo, na subida média global do nível do mar e nas alterações de alguns fenómenos climáticos extremos. As provas da influência humana têm vindo a aumentar desde o quarto relatório de avaliação de 2007. É extremamente provável que a influência humana tenha sido a causa dominante do aquecimento observado desde meados do século XX (IPCC, 2012, 2013, 2014). As condições meteorológicas extremas, a quantidade e a qualidade da água e a subida do nível do mar são consequências das alterações climáticas (Center for Climate and Energy Solutions, 2011).

De acordo com o quinto relatório de avaliação do Painel Intergovernamental sobre as Alterações Climáticas (IPCC) (2014) e os cenários das Vias de Concentração Representativas (RCP), os dados apresentados com elevada confiança (intervalo de confiança de 95%) mostram uma subida do nível do mar de 0,83 m em 2100 no melhor cenário e de 1,65 m no pior cenário. Além disso, o Relatório Especial do IPCC sobre o Cenário das Emissões (SRES 2000) indica um aumento do aquecimento de 0,2° C por década para uma série de cenários SRES. O relatório ilustra que, mesmo que as emissões de gases com efeito de estufa (GEE) se mantivessem constantes, seria projetado um aumento de 0,1º C por década. Prevê-se igualmente que a disponibilidade de recursos de água doce diminua na Ásia Central, Meridional, Oriental e do Sudeste até 2050, de acordo com o quarto relatório de avaliação do PIAC (2007), o que resultará em grandes problemas de escassez de água na região. As actividades humanas têm um papel significativo no estado atual do clima. Desde o início da Revolução Industrial, em 1750, registou-se um aumento de 40% na concentração atmosférica de dióxido de carbono (CO_2), de 280 ppm em 1750 para 400 ppm em 2015 (Center for Climate and Energy Solutions, 2011).

A variabilidade da variabilidade climática natural não segue uma tendência específica. A utilização do carvão e do petróleo no desenvolvimento de muitos países aqueceu a Terra e aumentou drasticamente as concentrações de gases que retêm o calor na atmosfera. Os impactos do aquecimento podem ser observados em muitos países diferentes. As alterações climáticas podem ser evitadas através da redução da quantidade de gases que retêm o calor libertados para a atmosfera.

De acordo com a Figura 1 abaixo, as temperaturas médias globais aumentaram quase (-17° C) em relação a 1880. Estatísticas e dados recentes do Centro Nacional de Dados Climáticos dos EUA mostram que há uma tendência semelhante em curso nos dados. Por exemplo, os dias quentes, as noites quentes e as ondas de calor estão a ocorrer com mais frequência ao longo do tempo, em comparação com os dias quentes e as noites quentes dos últimos séculos (Rouse, 2013).

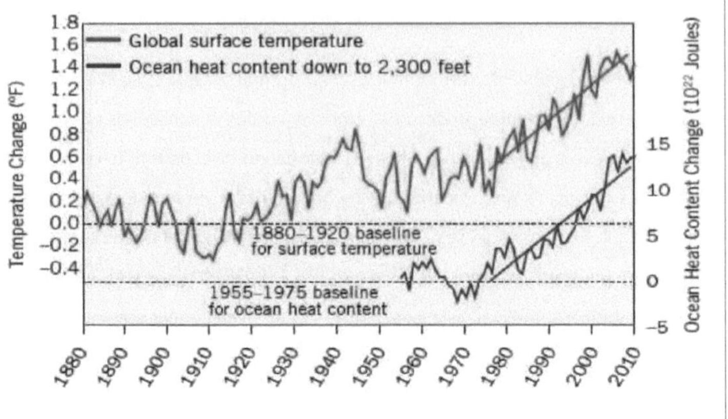

Figura 1: Aquecimento médio da superfície e conteúdo de calor dos oceanos (Rouse, 2013)

2.1 Mecanismo para as alterações climáticas

As alterações climáticas podem ser causadas por uma mudança em qualquer processo que perturbe o equilíbrio energético entre a radiação solar recebida e a radiação terrestre emitida pela Terra: a isto chama-se forçamento climático. Ocorre quando o clima é forçado a mudar devido a perturbações no balanço energético global. O forçamento climático divide-se em categorias internas e externas. Os factores forçantes internos são as alterações dos factores naturais e dos processos naturais do próprio sistema climático, por exemplo, a circulação termohalina. Os factores externos são antropogénicos, ou seja, os factores que operam fora dos sistemas climáticos da Terra, como o aumento das emissões de gases com efeito de estufa e as alterações na quantidade de energia proveniente do sol (Causes of Climate Change, 2017). As emissões antropogénicas de dióxido de carbono (CO_2) são emissões produzidas em resultado das actividades humanas. Provêm, sobretudo, da reação de combustão de combustíveis à base de carbono, como o carvão, o petróleo e o gás natural, bem como da desflorestação, da erosão dos solos e da pecuária. Estima-se que a temperatura da superfície da Terra excederá os valores históricos até 2047 se as emissões de gases com efeito de estufa aumentarem ao ritmo atual. Estimativas recentes sugerem que a Terra poderá ultrapassar o limite de 2 °C (IPCC, 2007b).

Os gases com efeito de estufa (GEE) têm muitos efeitos na Terra. Os GEE aquecem a Terra através da absorção de energia e actuam como um cobertor que isola a Terra, abrandando a taxa de libertação desta energia para o espaço. Cada GEE tem um efeito diferente no aquecimento da Terra. Esses efeitos são medidos pela eficiência radioactiva dos gases, que é a capacidade do gás de absorver energia em relação ao seu tempo de vida (Rouse, 2013).

2.2 O que são os GEE?

Segundo a Agência de Proteção Ambiental (APA), os gases com efeito de estufa são gases que retêm o calor na atmosfera. Os gases com efeito de estufa mais abundantes são: vapor de água, dióxido de carbono, metano, óxido nitroso, ozono e fluorocarbonetos. O vapor de água é um dos poucos gases naturais que é inofensivo para o ecossistema e que faz parte do ciclo natural do carbono (Rouse, 2013).

2.2.1 Potencial de aquecimento global

O Potencial de Aquecimento Global (PAG) é uma unidade de medida comum que permite comparar cada GEE com o seu impacte no aquecimento global. O PAG mede a quantidade de energia das emissões de 1 tonelada de um gás que será absorvida durante um determinado período de tempo, relativamente às emissões de 1 tonelada de dióxido de carbono (CO_2). Quanto maior for o PAG, maior será o impacto deste gás no aquecimento da Terra em comparação com o CO_2 durante esse período de tempo. O período de tempo determinado para o PAG é geralmente de 100 anos. O PAG é utilizado como uma medida para somar as estimativas de emissões de diferentes gases para compilar um inventário nacional de GEE. Permite aos decisores políticos comparar as oportunidades de redução de emissões entre sectores e para diferentes gases. As emissões de GEE são frequentemente medidas em equivalente de dióxido de carbono (CO_2). Para converter as emissões de um gás em equivalente de CO_2, as suas emissões são multiplicadas pelo potencial de aquecimento global do gás. O GWP considera o facto de muitos gases serem mais eficazes no aquecimento da Terra do que o CO_2, por unidade de massa (EPA, 2017).

Apresenta-se de seguida uma breve descrição dos quatro principais gases com efeito de estufa: a. Vapor de água: o vapor de água é o gás com efeito de estufa mais abundante na atmosfera e o que mais contribui para o efeito de estufa. Trata-se de um gás natural que resulta do ciclo natural do carbono. Os cientistas demonstram que o aquecimento provocado pelas emissões de CO_2 produzidas pelo homem está a afetar a quantidade de vapor de água na atmosfera ao aumentar a taxa de evaporação, provocando "um ciclo de retroação positiva: os seres humanos libertam CO_2, que provoca o aquecimento, que aumenta a evaporação, que, por sua vez, amplifica o aquecimento". (The Ultimate Climate Change FAQ, 2011). O vapor de água tem um espetro de absorção de infravermelhos com bandas de absorção mais amplas do que o CO_2, absorvendo também quantidades não nulas de radiação nas suas regiões espectrais de baixa absorção. É difícil calcular o GWP do vapor de água devido à sua banda de adsorção (The Gurdian, 2011).

b. Dióxido de carbono (CO_2): o CO_2 é um subproduto da queima de combustíveis fósseis, resíduos sólidos, reacções químicas, árvores e produtos de madeira. o CO_2 pode ser removido da atmosfera através do ciclo biológico do carbono. Para a determinação do GWP, o CO_2 é o ponto de referência, tendo uma definição de GWP de 1, independentemente do período de tempo utilizado. o CO_2 permanece na atmosfera durante muito tempo. Prevê-se que a concentração de CO_2 dure milhares de anos (EPA, 2017).

c. Metano: As principais fontes de emissão de metano são o transporte de carvão, petróleo e gás natural. O metano pode ser produzido pela decomposição de resíduos orgânicos. Estima-se que tenha um PAG de 28-36 durante 100 anos. Estima-se que o metano emitido por dia tenha uma duração média de uma década.

Em comparação com o CO_2, o metano permanece na atmosfera durante muito menos tempo. O metano absorve muito mais energia do que o CO_2. O GWP do metano tem alguns efeitos indirectos, como ser um precursor do ozono (EPA, 2017).

d. Óxido nitroso: O óxido nitroso é emitido durante reacções de combustão, actividades industriais e pela agricultura. Estima-se que o óxido nitroso tenha um PAG 265-298 vezes superior ao do CO^2 numa escala temporal de 100 anos. Em média, o óxido nitroso emitido atualmente permanece na atmosfera durante mais de 100 anos (EPA, 2017).

e. Gases fluorados: Os gases fluorados são poderosos gases sintéticos com efeito de estufa que são emitidos durante os processos químicos e têm o PAG mais elevado.

Os gases fluorados incluem os hidrofluorocarbonetos, o hexafluoreto de enxofre e o trifluoreto de azoto. Estes gases retêm mais calor do que o CO^2 . Os GWPs para estes gases estão em milhares ou toneladas de milhares (EPA, 2017).

2.3 Cépticos das alterações climáticas

À medida que as discussões sobre as alterações climáticas e o consequente aquecimento global se foram desenvolvendo ao longo das últimas décadas, um dos problemas mais marcantes foi o número de pessoas que não acreditam que o problema existe: os cépticos das alterações climáticas. O debate gira em torno das seguintes questões: se o aquecimento global está a ocorrer, quais são as razões por detrás dele e qual é o papel do homem e da industrialização na sua ocorrência. Os cépticos também abordam aquilo a que chamam o "mito" por detrás do aumento da temperatura da Terra. Na literatura científica, há fortes indícios de que a temperatura da superfície terrestre aumentou nas últimas décadas. Este aumento deve-se principalmente às emissões de gases com efeito de estufa induzidas pelo homem, de acordo com os modelos científicos. A teoria que relaciona o aumento dos gases com efeito de estufa com o aumento da temperatura foi introduzida pelo químico sueco Svante Arrhenius em 1896, numa altura em que as alterações climáticas não eram uma questão política e social (Bodansky, 2001).

Os meios de comunicação social desempenham um papel fundamental na apresentação de determinados aspectos e decisões relacionados com este tema que não estão relacionados com a literatura científica. As alterações climáticas e o aquecimento global estão a ser discutidos nos domínios científico, político e público através de várias fontes dos meios de comunicação social. Nos Estados Unidos, os meios de comunicação social deram pouca cobertura e informação sobre o aquecimento global até à seca de 1988 (McCright & Dunlap, 2000).

A imprensa britânica defendeu ativamente os efeitos das alterações climáticas após a greve dos mineiros de 1984. Além disso, a maioria dos países europeus tomou medidas para reduzir as emissões de gases com efeito de estufa antes de 1990. Além disso, os países da União Europeia aprovaram o Protocolo de Quioto de 1997 (ver secção 2.5 infra). O relatório da Administração da Informação sobre Energia dos Estados Unidos afirma que "a desaceleração de 2012 significa que as emissões estão no seu nível mais baixo desde 1994 e mais de 12% abaixo do recente pico de 2007". " (EIA, 2017)

De acordo com um relatório do *The New York Times* que analisa as acções que o Presidente Trump irá tomar com Scott Pruitt, Administrador da Agência de Proteção Ambiental, "espera-se que o Sr. Trump assine uma ordem executiva que ordene ao Sr. Pruitt que inicie o processo legal de anulação dos regulamentos da E.P.A. do Sr. Obama destinados a reduzir a poluição das centrais eléctricas a carvão que aquecem o planeta, e espera-se que o Sr. Pruitt anuncie planos para começar a enfraquecer uma regra da era Obama que obriga a normas mais elevadas de economia de combustível" (Davenport, 2017).

Em março de 2017, o Presidente Trump apresentou a primeira proposta de orçamento. Na declaração que acompanhou a proposta de orçamento, o Presidente afirmou que "todas as agências e departamentos serão levados a alcançar uma maior eficiência e a eliminar o desperdício de despesas no desempenho do seu honroso serviço ao povo americano". Nos últimos anos, foram atribuídos orçamentos enormes às alterações climáticas e ao sector da investigação e desenvolvimento nos Estados Unidos. A partir deste ano, novas direcções e perspectivas serão dirigidas aos programas de investigação (Davenport, 2017).

Finalmente, o aquecimento global e as alterações climáticas têm muitos cépticos. Continuará a ser um tema de debate aceso nas próximas décadas a nível mundial e, em especial, nos Estados Unidos. A maioria das preocupações é debatida pela comunidade científica. O tema da relação humana com as alterações climáticas é geralmente discutido a nível político e económico (Davenport, 2017).

2.4 Precaução contra as alterações climáticas

De acordo com o National Center for Policy Analysis (NCPA) dos Estados Unidos, o "princípio da precaução" deve ser aplicado quando uma atividade pode ameaçar a saúde humana ou o ambiente, mesmo que algumas relações de causa e efeito não estejam cientificamente estabelecidas. O "princípio da precaução" funciona com base na ideia de que "mais vale prevenir do que remediar", ou seja, tomar medidas o mais rapidamente possível, mesmo que algumas relações de causa e efeito não estejam cientificamente estabelecidas (Goklany, 2004). Este princípio pode aumentar os riscos para a saúde pública e os riscos ambientais quando aplicado apenas aos danos potenciais. Por exemplo, os países em desenvolvimento são obrigados a reduzir as suas emissões de gases com efeito de estufa para reduzir o efeito do aquecimento global a nível mundial. Isto pode atrasar o seu crescimento económico, conduzindo a uma saúde mais precária, mais fome e maior mortalidade. Além disso, o aumento dos preços do petróleo e do gás pode aumentar a fome e introduzir alguns problemas de saúde nos países que dependem de combustíveis sólidos para o aquecimento e a cozinha (Goklany, 2000).

Alguns critérios foram identificados pelo NCPA para reduzir os danos e avaliar os riscos potenciais. Existem diferentes categorias de ameaças e cada uma delas tem critérios e prioridades diferentes para as acções a tomar. Por exemplo;

- 'O critério do imediatismo. Se tudo o resto for igual, deve ser dada prioridade às ameaças mais imediatas em relação às ameaças que podem ocorrer mais tarde" (Golkany, 2000).

- O critério da incerteza. As ameaças de danos que são mais certas (têm maiores probabilidades de ocorrência) devem ter precedência sobre as que são menos certas se, caso contrário, as suas consequências forem equivalentes. (Golkany, 2000).

- O critério do valor de expetativa. Entre ameaças igualmente certas, deve ser dada prioridade às que têm um valor de expetativa mais elevado". (Golkany, 2000).

- O critério de adaptação. Se houver tecnologias disponíveis para lidar com as consequências adversas de um impacto, ou para se adaptar a elas, então esse impacto pode ser descontado na medida em que a ameaça pode ser anulada. (Golkany, 2000).

- O critério da irreversibilidade. Deve ser dada maior prioridade aos resultados irreversíveis ou susceptíveis de serem mais persistentes". (Golkany, 2000).

Por último, no contexto do aquecimento global, todos os critérios acima referidos indicam que a atenção deve centrar-se na resolução dos problemas actuais que podem ser agravados pelas alterações climáticas. Além disso, aumentará a capacidade de adaptação da sociedade e diminuirá a sua vulnerabilidade aos problemas ambientais (Goklany, 200).

2.5 Protocolo de Quioto

O Protocolo de Quioto é um tratado internacional que alarga a Convenção-Quadro das Nações Unidas sobre as Alterações Climáticas de 1992. O Protocolo de Quioto, de 1997, implica o compromisso de todos os membros ao estabelecer objectivos de redução de emissões internacionalmente vinculativos (Convenção-Quadro das Nações Unidas sobre Alterações Climáticas, 2013). Além disso, o Protocolo de Quioto impõe um maior ónus aos países desenvolvidos do que aos países em desenvolvimento, ao abrigo do princípio das "responsabilidades comuns mas diferenciadas". O Protocolo de Quioto foi adotado em Quioto, no Japão, em 11 de dezembro de 1997 e entrou em vigor em 16 de fevereiro de 2005. As regras de implementação foram adaptadas na *Sétima Sessão da Conferência das Partes* das Nações Unidas (COP 7) em Marraquexe, Marrocos, em 2001, e são referidas como os "Acordos de Marraquexe". O primeiro período de compromisso teve início em 2008 e terminou em 2012. (Convenção-Quadro das Nações Unidas sobre Alterações Climáticas, 2013).

O Protocolo de Quioto tem três mecanismos baseados no mercado:

- Comércio internacional de licenças de emissão:

  - O comércio de emissões, tal como estabelecido no artigo 17º do Protocolo de Quioto, permite que os países que têm unidades de emissão disponíveis - emissões que lhes são permitidas mas não "utilizadas" - vendam essa capacidade excedentária a países que ultrapassaram os seus objectivos. (Convenção-Quadro das Nações Unidas sobre Alterações Climáticas: Comércio Internacional de Licenças de Emissão., 2013)

- Mecanismo de Desenvolvimento Limpo (MDL).

o O Mecanismo de Desenvolvimento Limpo (MDL), definido no artigo 12º do Protocolo, permite a um país com um compromisso de redução ou limitação de emissões ao abrigo do Protocolo de Quioto (Parte do Anexo B) implementar um projeto de redução de emissões em países em desenvolvimento. Esses projectos podem dar origem a créditos de redução certificada de emissões (RCE), cada um equivalente a uma tonelada de CO_2, que podem ser contabilizados para efeitos de cumprimento dos objectivos de Quioto. (Convenção-Quadro das Nações Unidas sobre Alterações Climáticas: CDM, 2013)

- Implementação conjunta (JI)

o O mecanismo conhecido como "implementação conjunta", definido no artigo 6.º do Protocolo de Quioto, permite que um país com um compromisso de redução ou limitação de emissões ao abrigo do Protocolo de Quioto (Parte do Anexo B) obtenha unidades de redução de emissões (URE) de um projeto de redução ou remoção de emissões noutra Parte do Anexo B, cada uma equivalente a uma tonelada de CO_2, que pode ser contabilizada para o cumprimento do seu objetivo de Quioto. (Convenção-Quadro das Nações Unidas sobre Alterações Climáticas: JI, 2013)

O comércio de emissões, a DMC e a IC proporcionam meios flexíveis e económicos de cumprir parte dos seus compromissos de Quioto, enquanto a Parte anfitriã beneficia do investimento estrangeiro e da transferência de tecnologia. (Convenção-Quadro das Nações Unidas sobre Alterações Climáticas: JI, 2013)

1.1.1 Alteração de Doha

Em 8 de dezembro de 2012, foi adoptada a "Emenda de Doha ao Protocolo de Quioto". A alteração é composta por três partes:

1. Novos compromissos para as Partes no Anexo I do Protocolo de Quioto que aceitaram assumir compromissos num segundo período de compromisso, de 1 de janeiro de 2013 a 31 de dezembro de 2020.

2. Uma lista revista de gases com efeito de estufa (GEE) a comunicar pelas Partes no segundo período de compromisso.

3. Alterações a vários artigos do Protocolo de Quioto que referiam especificamente questões relacionadas com o primeiro período de compromisso e que precisavam de ser actualizadas para o segundo período de compromisso.

Durante o primeiro período de compromisso, a Comunidade Europeia e 37 países industrializados comprometeram-se a reduzir as emissões de gases com efeito de estufa a uma média de 5% em relação ao seu nível de 1990. Durante o segundo período de compromisso, os membros comprometeram-se a reduzir as suas emissões de GEE em, pelo menos, 18% dos seus níveis de emissões de 1990 no período de oito anos entre 2013 e 2020; no entanto, os membros do primeiro período de compromisso são diferentes dos membros do segundo período de compromisso.

Em suma, o Protocolo de Quioto estabeleceu a base do trabalho para reduzir as emissões globais. Além disso, estabeleceu a arquitetura para futuros acordos internacionais sobre as alterações climáticas (Convenção-Quadro das Nações Unidas sobre as Alterações Climáticas, 2013).

2.6 Alterações climáticas e o Qatar

2.6.1 Visão 2030 do Qatar

A Visão Nacional do Qatar 2030 (QNV 2030) foi concebida para fornecer um roteiro para o futuro do Qatar. Trata-se de um guia para o futuro económico, social, humano e ambiental do Qatar, com vista a alcançar um crescimento económico que equilibre os recursos humanos e naturais do país. O Qatar está a viver uma expansão e um desenvolvimento notáveis e a Visão Nacional 2030 permite uma concentração nacional nos objectivos futuros. A QNV 2030 procura o desenvolvimento sustentável do seu povo numa sociedade próspera para as gerações vindouras. O QNV 2030 assenta nos quatro pilares do desenvolvimento económico, social, humano e ambiental. O desenvolvimento económico implica o desenvolvimento de uma economia competitiva e diversificada, capaz de satisfazer as necessidades da população para as gerações presentes e futuras. O Qatar vê a necessidade de equilibrar a sua atual economia baseada no petróleo com a sua economia baseada no conhecimento em desenvolvimento. O desenvolvimento social implica sistemas dedicados ao bem-estar social e à proteção de todos os cidadãos. O papel das mulheres foi especificamente visado neste pilar, com o objetivo de reforçar o seu papel na sociedade e de lhes permitir serem membros activos da comunidade. Além disso, também significa igualdade de oportunidades de educação, emprego e carreira para todos os cidadãos, independentemente da sua origem ou género, e uma sociedade tolerante e justa que abraça os valores islâmicos de paz, bem-estar, justiça e comunidade. O desenvolvimento humano centra-se no capital e nos recursos humanos do país. A importância deste pilar reside numa infraestrutura moderna de cuidados de saúde e num sistema de ensino de nível internacional, com o objetivo de preparar os catarianos para ocuparem o seu lugar em todos os sectores da economia do país. O desenvolvimento ambiental é o quarto pilar fundamental do QNV2030. O QNV 2030 procura equilibrar as necessidades de desenvolvimento do país e a proteção do seu ambiente natural (QNV 2030, 2008).

O fornecimento de energia limpa desempenhará um papel importante no apoio ao crescimento do Qatar com uma fonte fiável de energia de uma forma ambientalmente responsável. As necessidades energéticas do Qatar são satisfeitas pelo gás natural e pelo petróleo. O gás natural satisfaz a grande maioria da sua procura a nível local e no mercado internacional. O gás natural é o foco do sector energético do Qatar, uma vez que o Qatar é o maior exportador de gás natural liquefeito (GNL) do mundo. De acordo com a Administração de Informação sobre Energia dos EUA (EIA) (2014), o gás natural tem um conteúdo energético relativamente alto com menor produção de dióxido de carbono quando queimado, em relação a outros combustíveis, incluindo petróleo, gasolina e carvão. O gás natural satisfaz a QNV 2030 ao assegurar um desenvolvimento sustentável que procura satisfazer as necessidades da geração atual sem perturbar a capacidade das gerações futuras de satisfazerem as suas necessidades (Bacon & Al-Kuwari, 2014).

2.6.2 Impactos das alterações climáticas no Qatar

As alterações climáticas e o aquecimento global estão a ameaçar países e nações. Os cientistas enumeraram alguns dos sinais de alerta ambiental que estão a afetar o ambiente. Os glaciares estão a diminuir, o gelo polar está a derreter, o nível global do mar está a aumentar e mais de 800 milhões de pessoas sofrem de falta crónica de alimentos. A temperatura ambiente está a aumentar, a seca está a tornar-se mais comum na Ásia e em África e os recursos hídricos são cada vez mais escassos. Estima-se que a população mundial aumentará mais do que as actuais populações totais da China e da Índia juntas. Este crescimento centrar-se-á nos países em desenvolvimento que têm terras secas, como o Bangladesh, o Paquistão, a Península Arábica e o Norte de África. Estes países são altamente afectados pela salinidade, que resulta de sistemas de irrigação inadequados que salinizaram as águas subterrâneas (Vargese, 2014). Além disso, a disponibilidade de recursos hídricos está relacionada com muitas incertezas relacionadas com as alterações climáticas. Em 1955, sete países foram classificados como países com stress hídrico. Em 1990, o número aumentou para 20 e prevê-se que 10-15 países possam ser acrescentados à lista até 2025. Dois terços da população mundial poderão sofrer de condições de stress hídrico. A maioria dos países árabes depende da importação de água. Não dispõem de nenhuma fonte importante de água e dependem da precipitação natural e de técnicas de conservação da água, como a dessalinização. Devido às condições climatéricas actuais e à quantidade limitada de água subterrânea, a agricultura é muito difícil no Qatar e, por isso, o Qatar tem de estabelecer programas de segurança alimentar e hídrica. (Vargese, 2014).

Atualmente, o Qatar depara-se com três impactos principais das alterações climáticas: aumento do nível do mar, aumento da temperatura e alterações na precipitação.

a. Aumento do nível do mar

A subida do nível do mar é uma das principais consequências das alterações climáticas. De acordo com o IPCC e o Fórum Árabe para o Ambiente e o Desenvolvimento (AFED), os países árabes enfrentarão maiores efeitos das alterações climáticas em comparação com outras partes do mundo. Estes efeitos incluem: aumento das temperaturas médias, alterações na precipitação errática e subida do nível do mar (IPCC, 2007a). O Qatar será altamente afetado pela subida do nível do mar, experimentando uma subida de aproximadamente um metro para atingir três metros (3m), e mesmo até mais de cinco metros (el Raey, 2015). A subida do nível do mar tem um enorme impacto sobre as terras litorais, onde se efectuará o futuro povoamento (Al-Jeneid et al., 2008). A Tunísia, a Líbia, o delta do Nilo e os Estados do Golfo, incluindo o Qatar, o Barém, o Kuwait e o Iraque, serão todos afectados pela subida do nível do mar. De acordo com estudos recentes do Banco Mundial, o Qatar, os Emirados Árabes Unidos, o Kuwait e a Tunísia serão muito afectados em termos de massa terrestre: 1 a 3 % dos terrenos destes países serão afectados por uma subida de 1 m do nível do mar.

De acordo com o IPCC, o nível do mar aumentará globalmente cerca de 5 a 30 cm até 2050, e a subida total do nível do mar entre 1980 e 2015 é superior a 5 cm (Church et al., 2013).

b. Alterações de temperatura

Um dos impactos negativos das alterações climáticas está relacionado com o aumento da temperatura ambiente. Durante o século XX, a temperatura média da Terra aumentou de 1 a 17 graus centígrados. As vagas de calor terão um grande impacto na saúde da população. Por exemplo, a queima de mais combustíveis fósseis resultará num aumento da temperatura e, consequentemente, afectará a qualidade do ar e aumentará a poluição atmosférica (IPCC, 2007b). Esta situação conduzirá a um aumento dos ataques cardíacos e dos ataques de asma. Os modelos de simulação climática mostram que um verão médio em 2050 terá mais dias com uma temperatura que atinge os 32°C. As consequências do calor tornaram-se mais evidentes a partir de 2005. O stress térmico e as ondas de calor causaram a morte de 739 pessoas em Chicago em 1995, 30 000 mortes na Europa em 2003 e 50 000 mortes na Rússia em 2010 (Chow, 2014).

De acordo com um relatório do *The Guardian*, as regiões petrolíferas dos Emirados Árabes Unidos, Doha e a costa do Irão sofrerão com as altas temperaturas e a humidade se o mundo não conseguir reduzir as emissões de carbono. Em 2015, a região do Golfo enfrentou uma das suas piores vagas de calor, em que as temperaturas atingiram os 50°C, provocando um número significativo de mortes (Carrington, 2015).

c. Alterações na precipitação

As alterações climáticas conduzem a mudanças na precipitação em todo o mundo, mais áreas estão a tornar-se secas e não há um padrão de precipitação constante. O aumento da temperatura leva a uma maior evaporação. Assim, a superfície está a ficar mais seca e os aquíferos subterrâneos estão a esgotar-se. O aumento da temperatura na região árabe situar-se-á entre 2°C e 5,5°C, com 20% de precipitação, o que terá impacto na escassez de água. Doha é uma terra muito seca, com recursos limitados de água doce e precipitação, com uma média de 75,2 mm de precipitação por ano. junho, julho, agosto e setembro são os meses mais secos do ano, com uma média de 0 mm de precipitação. fevereiro é o mês mais húmido, com uma média de 17,1 mm (Alba, 2011).

2.7 Medidas de comunicação de dióxido de carbono

As medições das emissões de CO_2 são de importância vital, uma vez que são o principal fator que contribui para o aquecimento global e as alterações climáticas. Além disso, as emissões de CO_2 são utilizadas como referência para todos os outros gases com efeito de estufa para compreender o efeito dos diferentes gases individuais nas alterações climáticas (Banco Mundial, 2016). O cálculo exato das emissões de CO_2 é fundamental para cumprir o Protocolo de Quioto e avançar para um ambiente mais limpo (Liu e Tian, 2014). O Banco Mundial apresenta as emissões de dióxido de carbono sob várias formas. Estas incluem as emissões de CO_2 provenientes da produção de eletricidade e calor, as emissões de CO_2 provenientes do consumo de combustíveis gasosos e as emissões de CO_2 provenientes do consumo de combustíveis líquidos (Banco Mundial,

2016).

Existem quatro medidas principais de comunicação das emissões de CO_2:

a. Emissões absolutas de CO_2 (kt)

b. Emissões de CO_2 por PIB (kg por PPP$ do PIB)

c. Intensidade de CO_2 (kg por kg de energia equivalente a petróleo)

d. Emissões de CO_2 per capita (toneladas métricas per capita)

Muitas instituições internacionais e nacionais estão a acompanhar e a comunicar indicadores globais das alterações climáticas, como as emissões de CO_2. O IPCC das Nações Unidas, o Centro de Análise de Informações sobre Dióxido de Carbono (CDIAC) do Departamento de Energia dos EUA e a Agência Internacional da Energia (AIE) são as principais instituições que dispõem de dados sobre as emissões de CO_2 em indicadores de alterações climáticas por país (Liu e Tian, 2014). Os dados do Banco Mundial baseiam-se nos dados do CDIAC, que calcula as emissões antropogénicas anuais de CO_2 a partir de dados sobre o consumo de combustíveis fósseis do World Energy Data Set da Divisão de Estatística das Nações Unidas. Estes dados são apresentados pelos respectivos países com base nas "Revised 1996 IPCC Guidelines for National Greenhouse Gas Inventories", dependendo da classificação do país (país industrializado ou país em desenvolvimento). Os países industrializados (Anexo I) são obrigados a fornecer os seus dados através do seu relatório de inventário nacional

(NIR) apresentados anualmente ao secretariado da CQNUAC. Do mesmo modo, os dados relativos às emissões dos países em desenvolvimento (não incluídos no anexo) são descritos nas suas comunicações nacionais apresentadas periodicamente ao secretariado da CQNUAC (Nações Unidas, 2016). O CDIAC sugere que as estimativas das emissões globais de CO_2 têm geralmente uma precisão de 10%, enquanto as estimativas nacionais podem ter erros mais elevados. Recomenda-se a análise das tendências estimadas a partir de uma série cronológica coerente, em vez de valores individuais. Para garantir a exatidão dos dados, o CDIAC recalcula anualmente toda a série cronológica desde 1949 (Banco Mundial, 2016).

2.7.1 Emissões absolutas de CO_2

O dióxido de carbono é formado durante a combustão de um átomo de carbono com dois átomos de oxigénio. As emissões de CO_2 são normalmente comunicadas em quilotoneladas (kt). A medição em quilotoneladas das emissões de CO_2 é o resultado da conversão do carbono elementar (C) numa massa de dióxido de carbono (CO_2), multiplicando o número de carbono pelo rácio entre a massa de dióxido de carbono e a massa de carbono (Equação 1). De acordo com o Banco Mundial (2016), as emissões de dióxido de carbono (kt) são geradas a partir da queima de combustíveis fósseis, madeira e materiais residuais, e de processos industriais.

Equação 1 (Banco Mundial, 2016):

Peso atómico do carbono = 12

Peso atómico do oxigénio = 16

Peso atómico do dióxido de carbono = 12(1)+2(16) = 44

Fator de conversão = Peso atómico do dióxido de carbono/Peso atómico do carbono

= 44/12= 3.667

2.7.2 Intensidade das emissões de CO_2

A intensidade das emissões é descrita como a taxa média de um poluente proveniente de uma determinada fonte em relação à intensidade de uma atividade específica. Este tipo de medida de comunicação de CO_2 é normalmente utilizado para ilustrar o impacto ambiental de diferentes combustíveis e actividades. A intensidade de CO_2 é comunicada em kg por kg de utilização de energia equivalente a petróleo (Banco Mundial, 2016).

De acordo com o Banco Mundial (2016), a intensidade de CO_2 é definida como "o rácio de dióxido de carbono por unidade de energia, ou a quantidade de dióxido de carbono emitida como resultado da utilização de uma unidade de energia em CO_2".

Equação 2 (EPA, 2017):

Intensidade das emissões de CO_2 (para eletricidade)= toneladas métricas de CO_2/ KWh

Intensidade das emissões de CO_2 (para a combustão de gasolina)= tonelada métrica de CO_2/galões de gasolina.

2.7.3 Emissões de CO_2 por fator económico

As emissões de dióxido de carbono por 1$ de PIB (PPP) são definidas como o rácio entre o total de emissões de CO_2 e o valor total do produto interno bruto (PIB) expresso em partes do poder de compra (PPP) (Nações Unidas, 2016). O PIB é convertido para dólares internacionais actuais utilizando as taxas de poder de compra. De acordo com a IEA (2014), "Um dólar internacional tem o mesmo poder de compra sobre o PIB que um dólar americano tem nos Estados Unidos".

Equação 3 (EIA, 2014):

Emissões de CO_2 por PIB= Emissões de CO_2 em toneladas métricas/ PIB real ou PIB PPC

2.7.4 Emissões de CO_2 per capita

As emissões de dióxido de carbono per capita são definidas como emissões absolutas de carbono em função da população do país. A população é aqui definida como todos os residentes, independentemente do seu estatuto legal ou cidadania. A equação 4 abaixo representa o cálculo do CO_2 per capita. É expresso em toneladas métricas per capita (Banco Mundial, 2016).

Equação 4 (Banco Mundial, 2016):

Emissões de CO_2 per capita= Emissões absolutas de CO_2 (kt)*1000/População do país

3.0 Recolha e análise de dados: Medidas de comunicação das emissões de CO2

O principal objetivo desta secção é comparar as emissões de CO_2 do Qatar com base em diferentes medidas de comunicação. A análise foi efectuada com base em características demográficas e características significativas de países relacionados com o Qatar com condições semelhantes. Os dados utilizados na análise deste capítulo provêm dos registos do Banco Mundial de 2017. Os dados relativos às emissões absolutas de dióxido de carbono e às emissões de dióxido de carbono per capita só estão disponíveis até 2011. A intensidade de dióxido de carbono e as emissões de dióxido de carbono por GPD são registadas até 2013.

Principais pressupostos da análise:

a. Os dados de 2011 foram utilizados como base de referência para a análise.

b. A guerra do Golfo em 1990 teve um efeito importante nas emissões de CO_2 na região do Médio Oriente

c. As tecnologias do petróleo e do gás estão a evoluir a um ritmo lento

d. Conhecimentos limitados no sector do petróleo e do gás durante o início da descoberta de petróleo e gás.

3.1 Análise baseada nos países do CCG

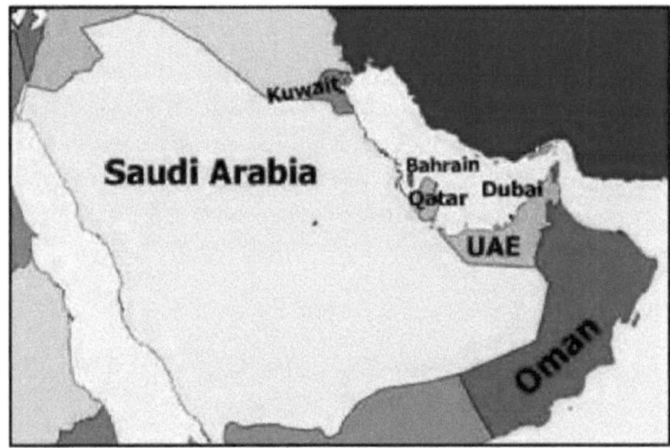

Figura 2: Países do Conselho de Cooperação do Golfo (CCG)

(Secretariado-Geral do Planeamento do Desenvolvimento, 2009)

O Conselho de Cooperação dos Estados Árabes do Golfo, ou, como é mais informalmente conhecido, o Conselho de Cooperação do Golfo (CCG), é constituído por países ribeirinhos do Golfo Arábico: Bahrein, Kuwait, Omã, Qatar, Arábia Saudita e Emirados Árabes Unidos (Figura 2). Estes seis países têm como principal caraterística comum o facto de serem principalmente dependentes das receitas do petróleo e do gás. Os países do CCG têm a maior produção de petróleo do mundo (Figura 3). Isto faz com que os países do CCG sejam capazes de liderar a expansão dos seus países nos sectores das infra-estruturas e da indústria. O aumento da urbanização e do consumo provocou desafios ambientais no CCG. Em resultado do enorme desenvolvimento das infra-estruturas e do investimento em energia nos países do CCG, o consumo de eletricidade aumentou 12,4% entre 2005 e 2009 (3,15%, anualmente). Em 2005, a média de watts por pessoa nos países do CCG era de cerca de 1.149 W por pessoa. Os EUA registaram o valor mais elevado de cerca de 1460 W por pessoa, a União Europeia registou cerca de 700 W por pessoa e a média mundial foi de 297 W por pessoa (Alnaser e Alnaser, 2011). Todos os países do CCG são países em desenvolvimento e nem todos são membros da Organização para a Cooperação e o Desenvolvimento Económico. Os países do CCG partilham muitas características semelhantes, tais como: clima, recursos hídricos limitados, seca, economia, recursos naturais, estilo de vida, cultura, língua e religião.

Os países do CCG são altamente afectados pelas consequências das alterações climáticas porque não dispõem de terras cultiváveis e de recursos hídricos para o desenvolvimento de sumidouros de carbono e de zonas verdes (Secretariado-Geral para o Planeamento do Desenvolvimento, 2009). A subida do nível do mar é um dos principais impactos das alterações climáticas que afectará o CCG. Para além de afetar as linhas costeiras e a vida marinha, a subida do nível do mar provocará também um aumento da degradação dos solos e uma redução dos níveis de água doce. O outro impacto das alterações climáticas que afecta o CCG é o aumento da temperatura. O aumento da temperatura provocará o aumento da procura de água, acompanhado do aumento da salinidade das águas subterrâneas e da diminuição dos níveis de água doce. Esta situação ameaça a segurança da água e afectará a eficiência das instalações de dessalinização, que são a fonte de água para a região. As instalações de dessalinização necessitarão de mais energia se a salinidade da água aumentar significativamente. (Secretariado-Geral do Planeamento do Desenvolvimento, 2009). Os principais emissores de gases com efeito de estufa na região são a Arábia Saudita, o Kuwait e os EAU. As maiores taxas de crescimento das emissões de CO_2 devido à combustão de combustíveis registam-se no Qatar, em Omã e no Kuwait. O CCG, no seu conjunto, não contribui de forma significativa para as alterações climáticas a nível global. No entanto, devido à baixa população dos países do CCG, as emissões per capita são elevadas e extremamente preocupantes para a reputação da região a nível mundial (Secretariado-Geral do Planeamento do Desenvolvimento, 2009). O Quadro 1 apresenta algumas das principais características dos países do CCG e a Figura 3 mostra as contribuições dos países do CCG para a produção de petróleo.

Quadro 1: Características dos países do CCG (Banco Mundial, 2016)

	Área (KM2)	População (Total)		Consumo de eletricidade (KWh/Capita)		Produção total de energia primária, (Quadriliões de BTU)	
Ano	20112013	2011	2013	2011	2013	2011	2013
Reino da Arábia Saudita	2,149,690	2,8788,438	3,020,1051	7,870	8,741	26.7	27
Emirados Árabes	83,600	8,734,722	9,039,978	10,536	10,904	8.4	9

Unidos							
Kuwait	17,820	3,239,181	3,593,689	15,551	14,910	6.2	6.5
Barém	771	130,6014	1349,427	17,530	18217	0.54	0.7
Qatar	11,610	190,5437	2,101,288	15,122	15,471	9.5	10
Omã	309,500	321,0003	3,906,912	5,929	5,981	2.8	3

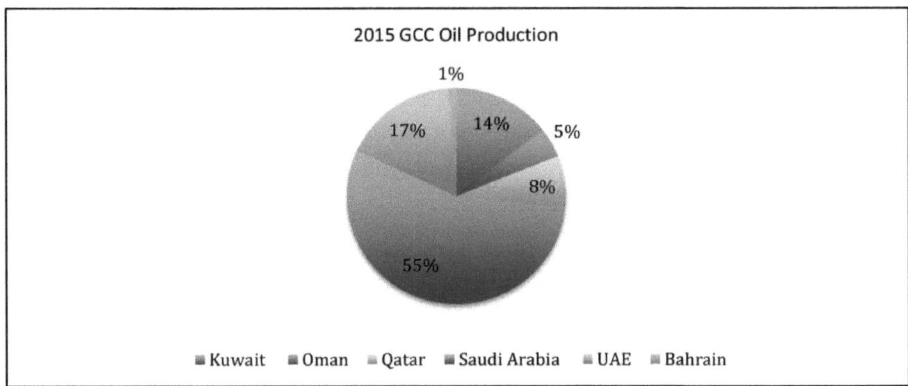

Figura 3: Percentagem de produção de petróleo dos países do CCG

(dados retirados dos indicadores de desenvolvimento do Banco Mundial de 2016)

3.1.1 Emissões absolutas de CO_2 para os países do CCG

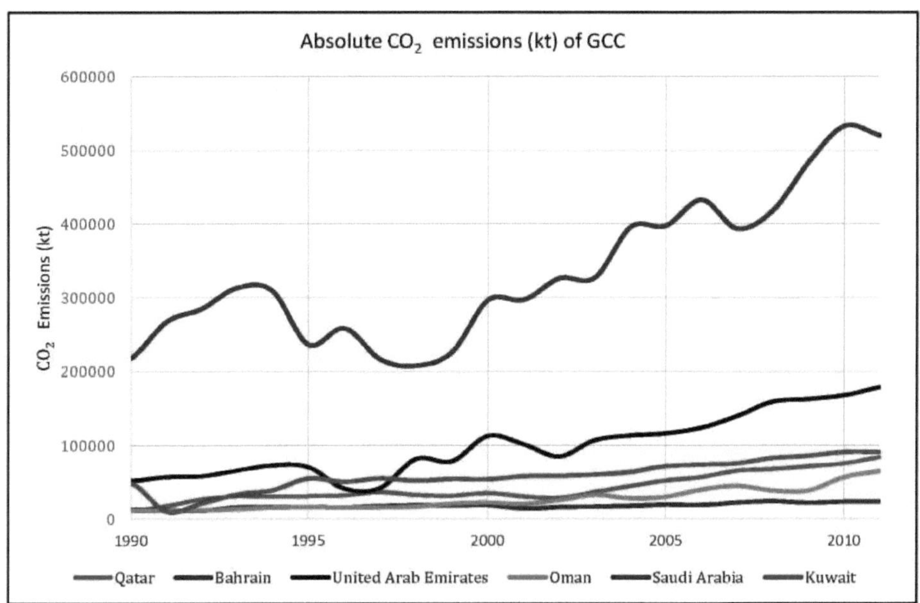

Figura 4: Emissões absolutas de CO_2 para os países do CCG (dados retirados dos indicadores de desenvolvimento do Banco Mundial de 2016)

De acordo com a análise estatística de 2016 da BP, que compara os países do CCG, a Arábia Saudita tem a maior produção de petróleo, seguida dos EAU, do Kuwait, do Qatar, de Omã e do Barém (Figura 3). A Figura 4 mostra que a Arábia Saudita registou o maior aumento das emissões de CO_2 em comparação com outros países do CCG. Mais do que apenas o maior produtor de petróleo do CCG, a Arábia Saudita é o maior produtor e exportador de petróleo do mundo. O desenvolvimento económico do petróleo na Arábia Saudita começou na década de 1960 e acelerou a partir da década de 1970 (Al-Ghabban, 2013).

O Climate Action Tracker (CAT) é uma "avaliação científica independente que acompanha os compromissos e as acções dos países em matéria de emissões". Atualmente, acompanha 32 países, cobrindo cerca de 80% das emissões globais. O CAT classifica os países segundo uma escala contínua que vai de Inadequado, Médio, Suficiente a Modelo. Dos 32 países que a CAT acompanha, a maioria é Inadequada ou Média, dois são Suficientes e nenhum é Modelo. Inadequado é definido como "As metas de emissões são menos ambiciosas do que o intervalo de 2°C definido pelos estudos e, se todos os governos adoptassem uma posição inadequada, o aquecimento provavelmente excederia 3-4°C." Os Emirados Árabes Unidos e a Arábia Saudita são classificados como "inadequados" de acordo com a avaliação do CAT. Outros países do CCG não fizeram parte da análise do CAT (CAT, 2017).

3.1.2 Intensidade de CO_2 para os países do CCG

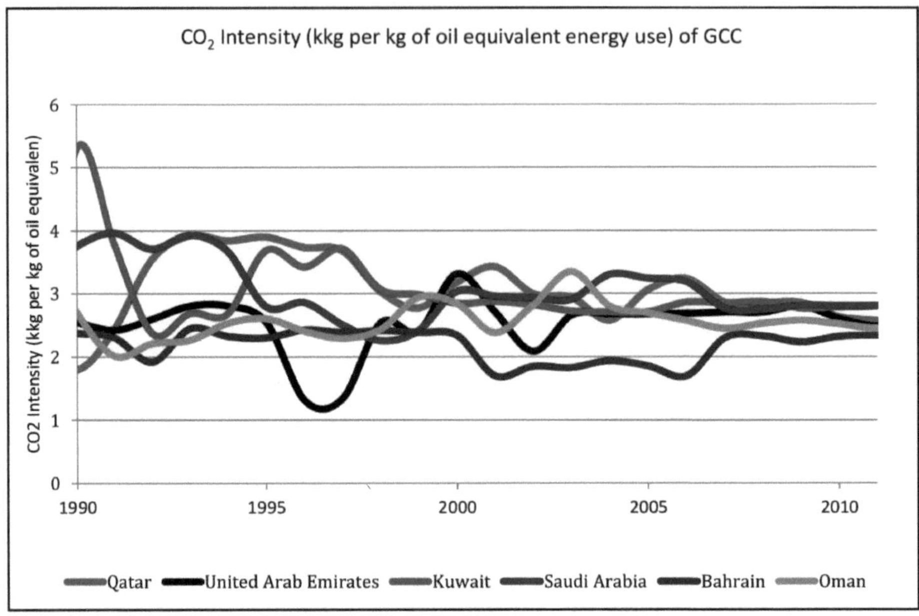

Figura 5: Intensidade de CO_2 para os países do CCG

(Dados retirados dos Indicadores de Desenvolvimento do Banco Mundial de 2016)

Acima, a intensidade das emissões foi definida como a taxa média de um poluente proveniente de uma determinada fonte em relação à intensidade de uma atividade específica. De acordo com a Figura 5, é evidente que as intensidades de CO_2 estão a diminuir nos países do CCG. Esta diminuição deve-se ao facto de se ter passado a utilizar tecnologias de grande eficiência. As intensidades de CO_2 registaram flutuações até 2005, tendo-se depois observado uma tendência decrescente. Este facto é causado por um aumento das intensidades energéticas dos seus vários processos no CCG. De acordo com a figura 5, as tendências de intensidade de CO_2 do Qatar, em comparação com outros países do CCG, são mais estáveis e registam as menores flutuações.

3.1.3 Emissões de CO_2 por fator económico para os países do CCG

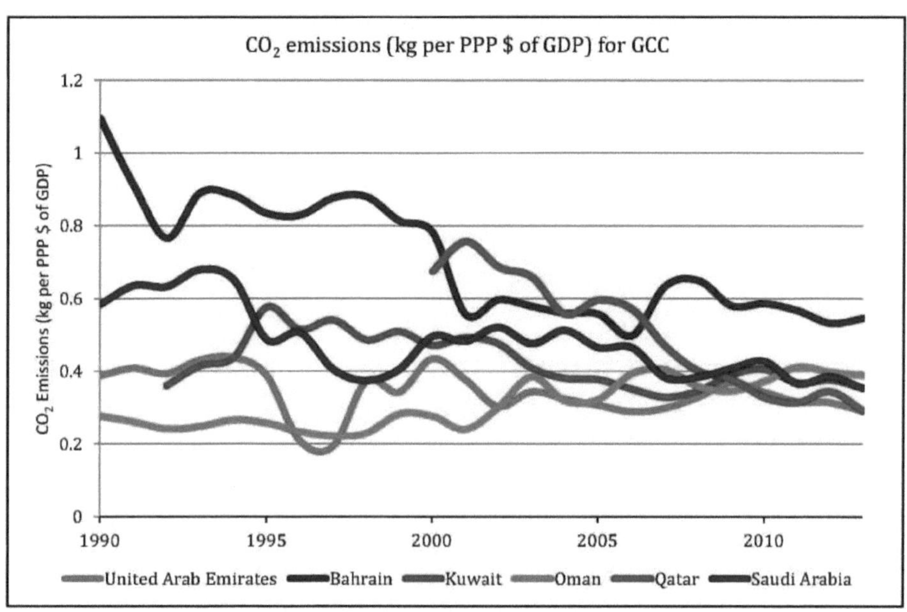

Figura 6: Emissões de CO_2 por PIB para os países do CCG (dados retirados dos indicadores de desenvolvimento do Banco Mundial de 2016)

De acordo com a Figura 6, o Barém registou o valor mais elevado de emissões de CO_2 por PIB em 2013. Tal deve-se ao rápido crescimento da economia do Barém. A curva da Arábia Saudita tem-se mantido estável desde o início dos anos 2000, devido à estabilidade da economia saudita. Por outro lado, as emissões por PIB de Omã começaram a aumentar a partir de 2000, devido ao aumento do investimento em Omã na produção de petróleo pesado (Penney, 2010). O petróleo pesado é caracterizado como petróleo bruto de alta intensidade carbónica (HCICO). O HCICO é o petróleo bruto produzido utilizando métodos de produção de alta intensidade que resultam em elevadas emissões de CO_2. Os HCICO incluem petróleo pesado não convencional e fontes convencionais que requerem energia adicional, como a recuperação térmica melhorada de petróleo (Mui et all., 2010). Omã é considerado o "ponto quente" para o investimento na tecnologia de recuperação avançada de petróleo (EOR) para a extração de petróleo pesado. Nos últimos anos, Omã reduziu a sua intensidade energética, passando a utilizar a injeção de vapor. Os campos estão agora a ser desenvolvidos através de uma inundação de vapor de fratura total em vez de EOR térmica. Além disso, uma unidade de recuperação de calor residual (WHRU) na central eléctrica é utilizada para criar o vapor que é injetado no campo de Qarn Alam. Esta tecnologia é essencial para reduzir a intensidade energética e as emissões de CO_2 produzidas. Na Figura 6, o Qatar regista as mais elevadas emissões de CO_2 por PIB em 2002 e as mais baixas em 2013. Isto deve-se ao facto de o Qatar estar a avançar para a eficiência energética e para instalações de baixa intensidade energética (Penney, 2010). A Figura 6 mostra que o Qatar é o país com as emissões mais baixas e o Bahrein as mais altas em 2013.

3.2 Análise com base nos principais produtores de GNL

A utilização do gás natural como substituto do petróleo como combustível, em instalações petroquímicas e centrais eléctricas, tem vindo a aumentar nos últimos anos. De acordo com a U.S Energy Information Administration (EIA) (2014), o Qatar está também a expandir-se no desenvolvimento do gás natural, sendo o principal exportador mundial de gás natural liquefeito (GNL) desde 2006 e líder mundial na nova tecnologia de conversão de gás em líquido (GTL). De acordo com o jornal *Gulf Times* (2014), "a produção de gás do Qatar cresceu em média 15,4% ao ano durante

2009-2013, à medida que as instalações adicionais de exportação de GNL se tornaram operacionais." O Qatar produz 77 milhões de toneladas de GNL por ano, o que faz dele o maior produtor deste tipo de energia limpa do mundo (EIA, 2014).

O mundo está a mudar para uma energia mais limpa e o GNL é uma fonte de energia atractiva para muitas nações. O consumo de gás natural gera menos emissões de dióxido de carbono do que outros combustíveis, como o carvão e o petróleo. O GNL é a melhor opção para o gás natural, uma vez que facilita o processo de transporte e armazenamento de gás natural a longas distâncias e durante um período de tempo significativo. O GNL é caracterizado como um combustível fóssil limpo, uma vez que melhora a qualidade do ar em comparação com o carvão e o petróleo. Além disso, o GNL garante a segurança energética de muitos países que carecem de recursos naturais. O GNL é adequado para a produção de eletricidade e para utilizações industriais e demóticas. Também pode ser utilizado para veículos inteligentes, transporte ferroviário e marítimo (API, 2015).

Na cadeia de operação do GNL, os principais responsáveis pelas emissões de dióxido de carbono são as caldeiras, compressores, geradores, fornos, flares e incineradores. As emissões de CO_2 dependem da eficiência e da intensidade de cada equipamento (API, 2015).

Para efeitos da presente análise, foram exploradas as emissões dos três principais exportadores de GNL (Qatar, Austrália e Malásia) (Figura 7). O Qatar tem sido o principal exportador mundial de GNL, com 77 mil milhões de toneladas por ano desde 2011 (Qatar Gas, 2011).

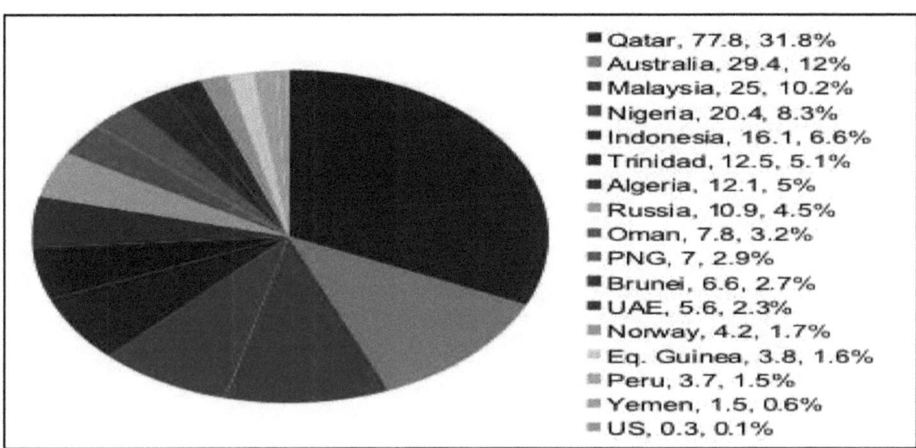

Figure 7: 2015 Exportações de GNL e Quota de Mercado por País (em milhões de toneladas por ano) (IGU, 2016)

Emissões absolutas de CO_2 para os maiores produtores mundiais de GNL

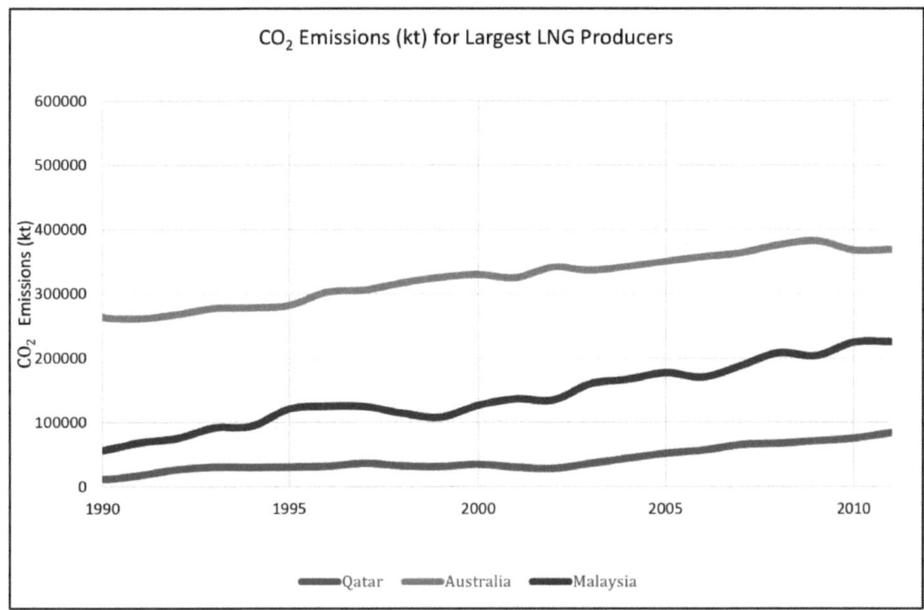

Figure 8: Emissões absolutas de CO_2 para os maiores produtores de GNL

(Dados retirados dos Indicadores de Desenvolvimento do Banco Mundial de 2016)

O Qatar é o maior exportador mundial de GNL (Figura 7), mas as suas emissões absolutas de CO_2 estão significativamente abaixo das emissões absolutas de CO_2 da Austrália e da Malásia (Figura 8) (IGU 2016). As emissões de carbono do Qatar registaram um claro aumento de 2000 a 2006. O aumento foi causado por três factores principais: a expansão do sector do petróleo e do gás a montante, o aumento das actividades de transporte e construção e o crescimento do sector dos serviços de eletricidade e água (Secretariado-Geral do Planeamento do Desenvolvimento, 2009).

3.2.2 Intensidade de co2 dos maiores produtores mundiais de GNL

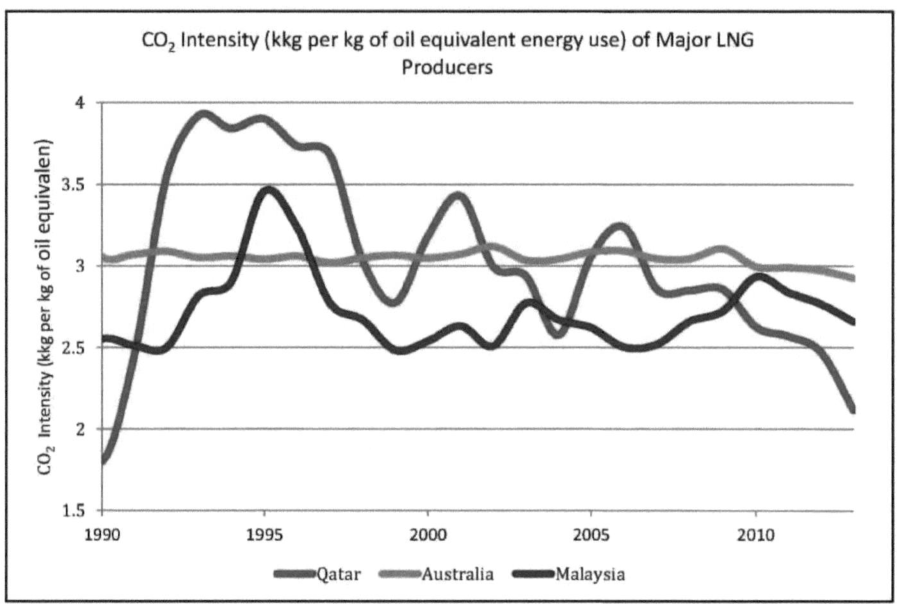

Figura 9: CO_2 para os principais produtores de GNL

(Dados retirados dos Indicadores de Desenvolvimento do Banco Mundial de 2016)

Como mostra a Figura 9, as intensidades de CO_2 estão a flutuar no Qatar e na Malásia, mas a tendência é estável na Austrália. Apenas 17 países exportaram GNL em 2015, contra 19 em 2014. O Qatar é o maior produtor de GNL, com 77,8 milhões de toneladas por ano (MTPA), a Austrália é o segundo maior produtor, com 29,4 MTPA, e a Malásia é o terceiro maior produtor de GNL, com 25 MTPA. Estes países utilizam as tecnologias ecológicas mais avançadas para minimizar a queima, recorrendo a sistemas de co-geração e a poços de injeção de CO_2 . A Qatar Petroleum está a trabalhar num estudo-piloto com a RasGas com vista à produção de GNL com queima zero. Hamad Mubarak Al Muhannadi, Diretor Executivo da RasGas, afirmou: "Como um dos principais fornecedores globais de energia, a RasGas continua a investir em soluções tecnológicas para melhorar os requisitos comerciais e estar preparada para enfrentar os desafios futuros de uma forma eficaz e eficiente." (RasGas, 2015). A Petronas, a empresa de GNL da Malásia, está a trabalhar para melhorar o consumo de eletricidade na produção de GNL, utilizando sistemas híbridos que combinam eletricidade da rede para operações auxiliares e gás natural para compressão (Petronas, 2016). As intensidades das emissões estão diretamente relacionadas com as tecnologias de combustão de combustíveis disponíveis para as empresas de produção de GNL. De acordo com a Figura 9, em 2013, o Qatar registou a intensidade mais baixa em comparação com a Malásia e a Austrália. Embora a tendência da Austrália seja estável desde 1990, as tecnologias do Qatar e da Malásia foram desenvolvidas nos últimos anos para ultrapassar a Austrália.

3.2.3 Emissões de CO_2 por fator económico para os maiores produtores de GNL do mundo

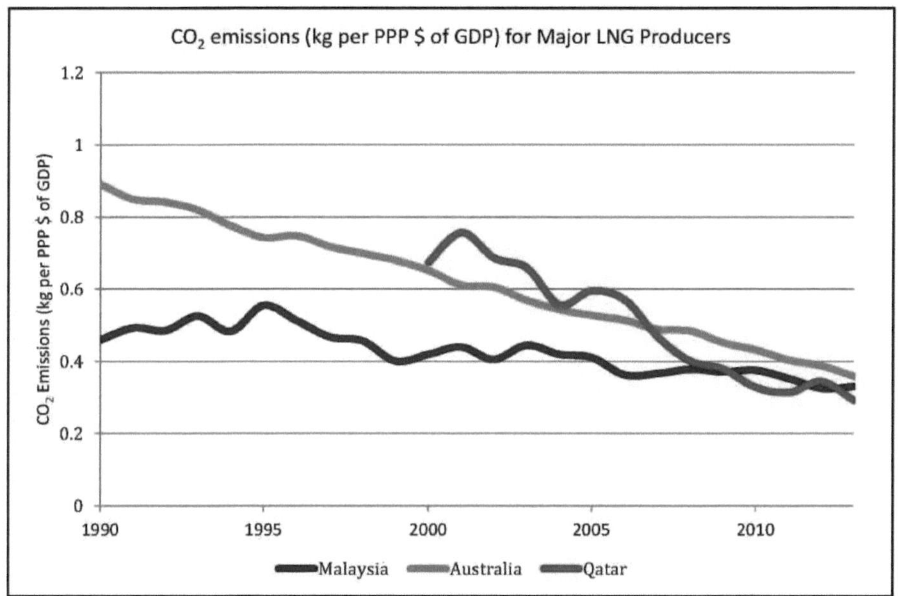

Figura 10: Emissões de CO_2 dos principais produtores de GNL

(Dados retirados dos Indicadores de Desenvolvimento do Banco Mundial de 2016)

A Figura 10 mostra que os três principais produtores de GNL têm emissões de CO_2 por factores económicos de cerca de uma média de 0,35 kg/PPP do PIB em 2013. Este valor está abaixo do máximo de 0,67 em 1990 para a Austrália e a Malásia e de 0,67 em 2000, quando os números do Qatar foram calculados. O PIB (produto interno bruto) é o valor total de mercado de todos os bens e serviços produzidos num país durante um determinado ano. A Austrália tem o 12th PIB mais elevado, enquanto o Qatar se classificou como o 50th PIB mais elevado em 2016 (IGU, 2016).

3.3 Análise com base nos principais emissores de CO_2

Para efeitos da presente análise, são discutidas as medidas de emissões de CO_2 para os principais emissores mundiais. Os países representam os quatro principais emissores de CO_2 em termos de emissões absolutas de CO_2 . De acordo com os registos do Banco Mundial de 2011, o maior emissor de CO_2 é a China, seguida dos EUA, da Índia e da Rússia.

a) China: A Figura 11 mostra que a utilização de carvão na China representa quase 70% do seu consumo total de energia, tendo em conta que o carvão tem as maiores emissões de CO_2 quando queimado, em comparação com outros combustíveis (EIA, 2016).

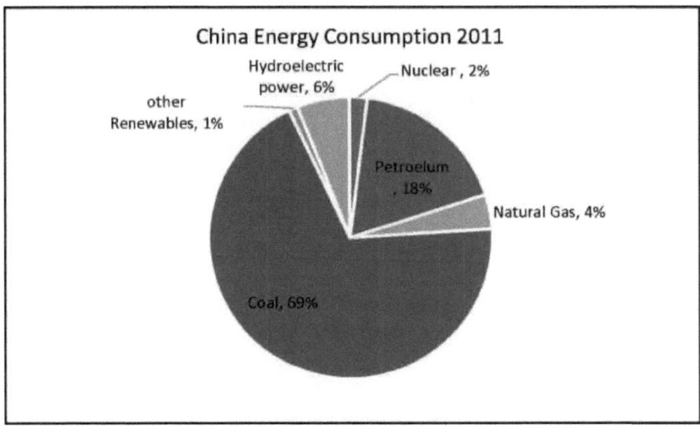

Figura 11: Mix energético da China em 2011

(Dados retirados das Estatísticas Internacionais de Energia da AIE de 2016)

b) EUA: A figura 12 ilustra o cabaz energético dos EUA em 2011; a figura mostra que o consumo de energia provém de três fontes principais: petróleo, gás natural e carvão.

As energias renováveis e a energia nuclear fornecem, cada uma, apenas 9% da energia nos EUA. A contribuição das energias renováveis e da energia nuclear tem de ser mais desenvolvida para que os EUA reduzam a sua pegada de carbono (EIA, 2016).

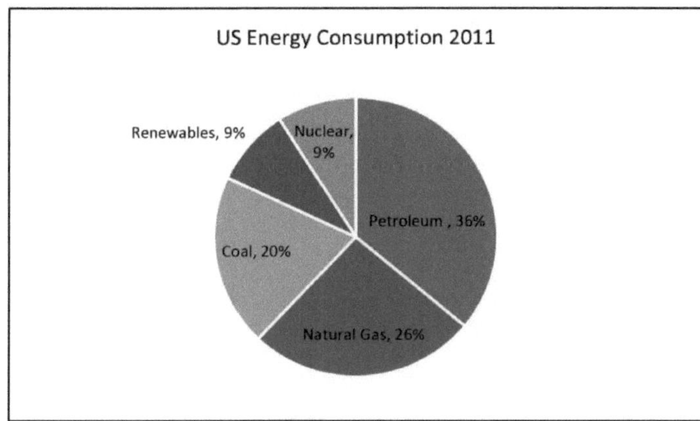

Figura 12: Mix energético dos EUA em 2011

(Dados retirados das Estatísticas Internacionais de Energia da AIE de 2016)

c) Índia: A Índia (Figura 13) é também outro grande emissor que depende fortemente do carvão (41%). A Índia está também a avançar para a produção de energia com biomassa sólida (23%) e nuclear e outras energias renováveis (5%) (EIA, 2016).

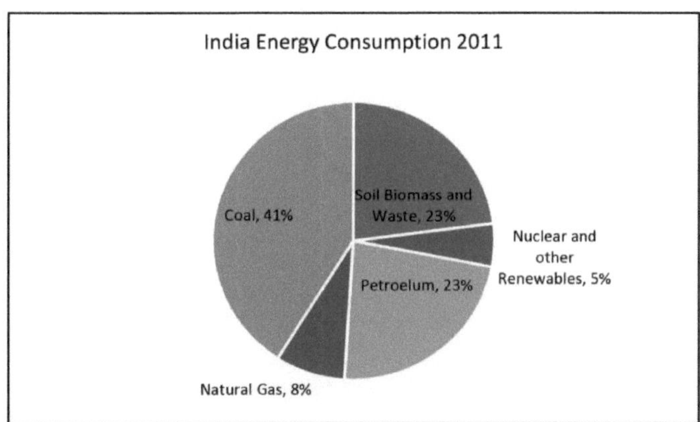

Figura 13: Mix energético da Índia em 2011

(Dados retirados das Estatísticas Internacionais de Energia da AIE de 2016)

d) Rússia: A Rússia (Figura 14) é um dos quatro principais emissores devido à sua dependência de petróleo, gás natural e carvão. A Rússia é um grande consumidor de gás, sendo que mais de 50% do seu consumo provém do gás natural.

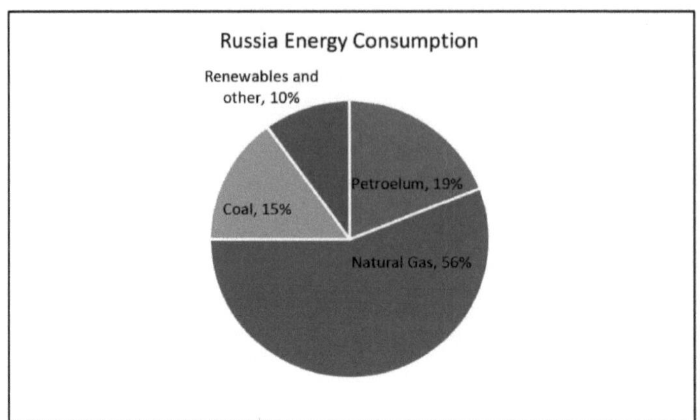

Figura 14: Mix energético da Rússia

(Dados retirados das Estatísticas Internacionais de Energia da AIE de 2016)

3.3.1 Emissões absolutas de CO_2 dos principais emissores de CO_2

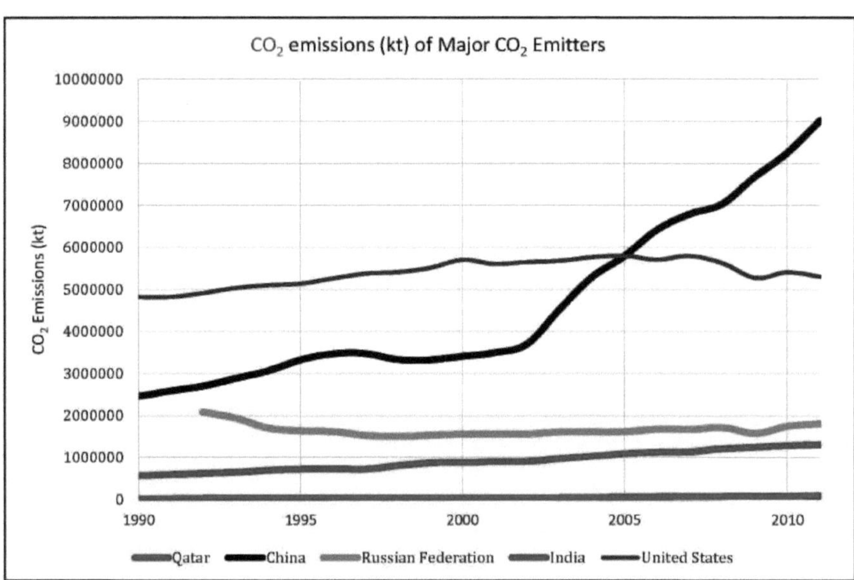

Figura 15: Emissões absolutas de CO_2 para os principais emissores

(Dados retirados dos Indicadores de Desenvolvimento do Banco Mundial de 2016)

A figura acima mostra que a China é o maior emissor de CO_2 em 2011 e está fortemente dependente da energia para o seu crescimento económico. A China é um país em desenvolvimento com seis sectores industriais principais: agricultura, indústria, construção, transportes, comércio grossista e retalhista, outros sectores industriais, agregados familiares urbanos e agregados familiares rurais. A agricultura inclui a silvicultura, a criação de animais e as pescas; os transportes referem-se ao armazenamento e ao comércio por grosso e a retalho incluem o comércio por grosso, a retalho, o alojamento e a restauração. As emissões da China continuarão a aumentar, uma vez que o país está fortemente dependente do carvão como principal fonte de energia. No entanto, a China está a planear investir 360 mil milhões de dólares em energia verde até 2020 para reduzir a poluição atmosférica (Kelly, 2017). Os países em desenvolvimento da Ásia e do Médio Oriente apresentaram o crescimento mais rápido das suas emissões de CO_2 numa base anual. As emissões de CO_2 da China duplicaram em 2004 em relação ao seu valor em 1980. O aumento dramático das emissões de CO_2 na maioria dos países em desenvolvimento deve-se principalmente ao elevado crescimento económico dos países em desenvolvimento e à sua forte dependência dos combustíveis fósseis (Govida, 2007).

De acordo com a Figura 15, a posição do Qatar em comparação com os principais emissores é significativamente baixa.

3.3.2 Intensidade de CO_2 dos principais emissores de CO_2

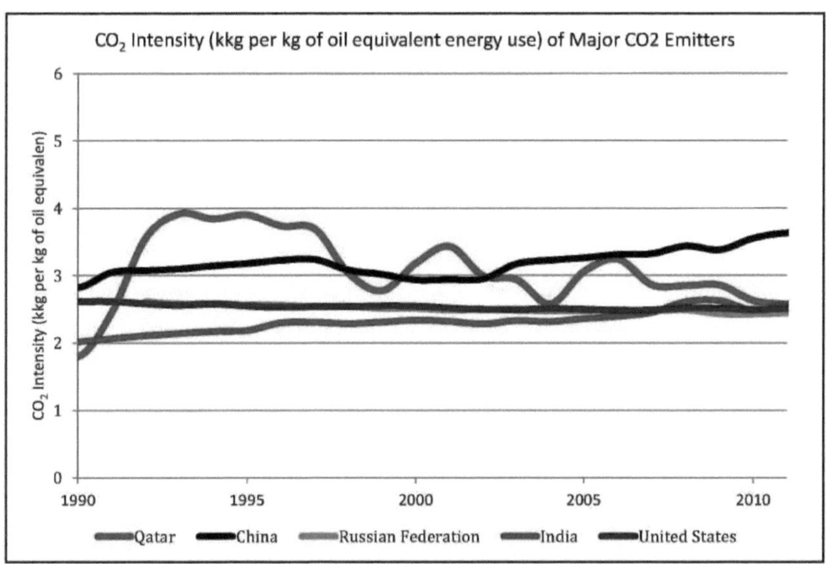

Figura 16: Intensidade de CO_2 para os principais emissores

(Dados retirados dos Indicadores de Desenvolvimento do Banco Mundial de 2016)

A intensidade de emissão de CO_2 para os principais emissores tende a ser apresentada na Figura 16. Em 2011, a figura mostra que a China teve a maior intensidade de CO_2 . A intensidade de CO_2 do Qatar em 2011 é baixa em comparação com os principais emissores, uma vez que o Qatar está a utilizar maquinaria de última geração com elevada eficiência de combustível (RasGas, 2015).

3.3.3 Emissões de CO_2 por fator económico para os principais emissores de CO_2

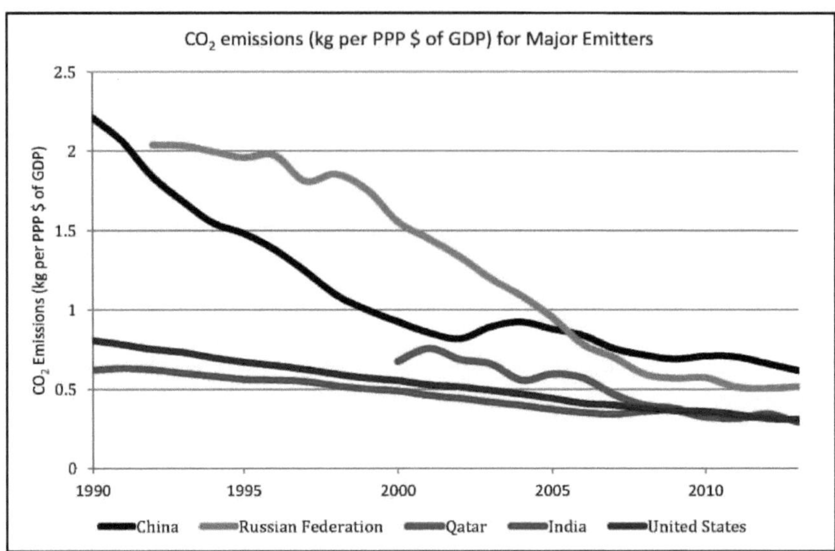

Figura 17: Emissões de CO_2 por PIB para os principais emissores

(Dados retirados dos Indicadores de Desenvolvimento do Banco Mundial de 2016)

A Figura 17 mostra o PIB em correlação com as emissões de CO_2 para os principais emissores. A figura mostra novamente a China como o maior emissor em 2013 (0,6 kg/PPP), seguida pela Rússia (0,5 kg.PPP). Os Estados Unidos, a Índia e o Qatar estão muito próximos em 2013, com 0,4 kg/ppp. Esta é uma prova clara de como o rápido desenvolvimento da economia chinesa está a contribuir para a pegada de carbono global da China. A correlação entre o PIB e as emissões de CO_2 é diretamente proporcional, a menos que o país esteja a avançar para desenvolvimentos sustentáveis e energias renováveis (Kelly, 2017).

4.0 Investigação das emissões de co2 per capita do Qatar

O principal argumento deste trabalho de investigação foi apresentar a posição do Qatar em termos de ter as mais elevadas emissões de CO_2 per capita. Conforme discutido nas secções anteriores, esta posição tem de ser equilibrada com a intensidade de carbono muito baixa do país e com a medida absoluta em todas as categorias. Esta secção inclui a posição global das emissões de CO_2 per capita do Qatar e em termos de medidas de contabilização do consumo.

4.1 Unidades de contabilização das emissões de carbono

O Qatar está classificado como o maior emissor de co2 a nível mundial. As emissões per capita são o resultado de dois factores principais: as emissões absolutas totais e a população total. Dois factores importantes e significativos, o consumo e a população, devem ser tidos em consideração quando se discutem as emissões absolutas totais do Qatar: O pressuposto para esta equação é que a população utiliza toda a energia produzida, que está no denominador. Este pressuposto é uma desvantagem para o Qatar devido à sua baixa população e ao facto de ser um grande produtor de energia. As emissões de co2 seriam muito mais baixas para o Qatar se fosse utilizado um sistema de contabilidade baseado no consumo para o cálculo do valor per capita. A utilização de medidas de contabilização das emissões é de importância vital para cada país. Existem duas unidades de contabilidade das emissões de carbono viáveis: sistemas de contabilidade baseados na produção e sistemas de contabilidade baseados no consumo.

4.1.1 Contabilidade baseada na produção

A contabilidade baseada na produção está ligada às fronteiras do sistema económico (emissões de gases com efeito de estufa de unidades institucionais residentes, análogas ao produto interno bruto). Envolve a medição das emissões que ocorrem dentro da fronteira de um país e não tem em conta as cadeias de produção que se estendem para além das fronteiras. As emissões de co2 baseadas na produção são o método típico de registo de estatísticas de emissões. A fim de considerar as origens das emissões de CO_2 incorporadas no produto final, pode ser desenvolvida uma contabilidade baseada no consumo. Uma ilustração de um sistema baseado na produção examina as emissões geradas pela compra de combustível e atribui-as ao país que produz o combustível, e não ao país que o consome (OCDE, 2016).

4.1.2 Contabilidade baseada no consumo

Este tipo está ligado aos quadros de entradas e saídas. A controvérsia reside na determinação da responsabilidade: é o ator que inicia o processo poluente (consumidor) ou o ator que produz a poluição (produtor)? As medidas baseadas no consumo são preferidas pelos países em desenvolvimento, enquanto as medidas baseadas na produção são preferidas pelos países desenvolvidos. Os países com grandes indústrias extractivas, como as do petróleo, gás e minas, são fortemente penalizados com a contabilização das emissões com base na produção. No entanto, embora a contabilidade baseada no consumo tenha características atractivas, existem alguns obstáculos à sua aplicação. É mais difícil obter dados para a abordagem baseada no consumo porque os cálculos são mais complicados de compilar, uma vez que se baseiam em tabelas de entradas-saídas, que incluem todas as etapas da produção, desde a extração da matéria-prima até à montagem final e, por fim, à venda final do produto (Secretariado-Geral do Planeamento do Desenvolvimento, 2009).

Um sistema de contabilização das emissões baseado no consumo poderia ser favorável ao Qatar. No entanto, este sistema tem algumas dificuldades devido à disponibilidade de dados. A Organização para a Cooperação e Desenvolvimento Económico (OCDE) desenvolveu estimativas baseadas no consumo das emissões de CO_2 para os seus 35 países membros. A Figura 18 mostra as emissões de CO_2 baseadas na produção e as emissões de CO_2 baseadas no consumo, tanto para os países da OCDE como para os países não pertencentes à OCDE. A figura ilustra claramente que as emissões de CO_2 baseadas no consumo para os países da OCDE são mais elevadas do que as emissões de CO_2 baseadas na produção, e vice-versa para os países não-OCDE. Este facto resulta de os países não pertencentes à OCDE serem exportadores líquidos de combustível, enquanto os países da OCDE são importadores. A nível de cada país, este padrão generalizado nem sempre é verdadeiro, uma vez que alguns países da OCDE são exportadores líquidos e alguns países não-OCDE são importadores líquidos.

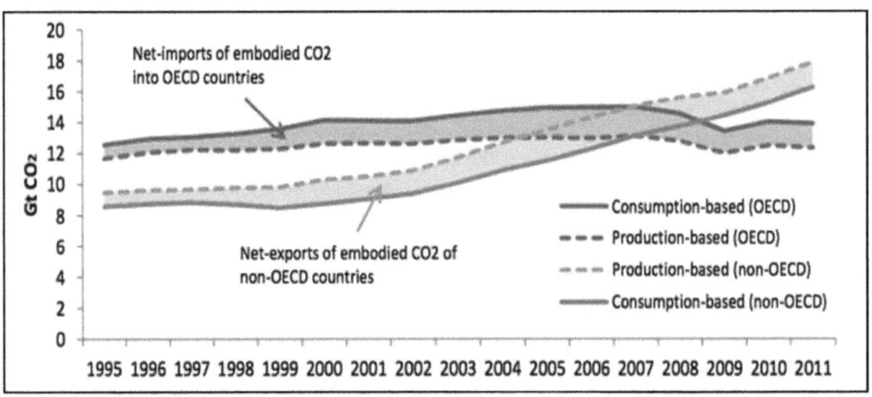

Figura 18: Emissões de CO_2 provenientes da combustão de combustíveis nos países da OCDE e não-OCDE (OCDE, 2016)

A Figura 19 mostra as emissões de CO_2 baseadas no consumo e na produção para uma amostra de países. A figura mostra que países como a Austrália, os EUA, o Canadá, o Japão, o Reino Unido e a maioria dos países da UE têm emissões baseadas no consumo superiores aos valores das emissões de CO_2 baseadas na produção. Os principais países produtores, como a China, a Arábia Saudita e a Rússia, registam uma queda no seu sistema de contabilidade baseado no consumo, uma vez que a maior parte da sua produção é exportada. A Índia, por outro lado, apresenta uma tendência semelhante entre a atribuição de emissões de

CO_2 baseadas no consumo e na produção, uma vez que a produção do país está relativamente próxima das necessidades energéticas da população (OCDE, 2016).

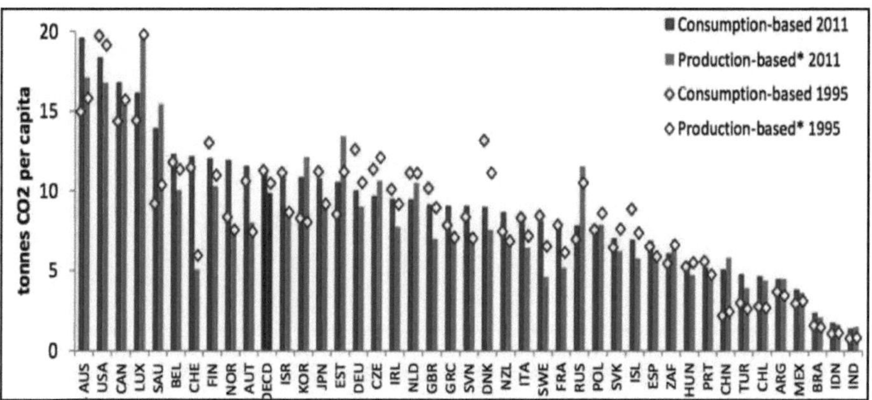

Figura 19: Emissões de CO_2 per capita provenientes da combustão de combustíveis (OCDE, 2016)

4.2 Análise da produção e do consumo do Qatar

O consumo interno de petróleo do Qatar é mínimo devido à sua pequena área geográfica e à sua pequena população. A Figura 20 mostra o consumo de petróleo do Qatar desde 1990. Embora a tendência esteja a aumentar devido ao crescimento da economia do Qatar, a proporção do consumo do Qatar em relação à produção é de apenas 5% (Figura 21). A produção de petróleo bruto do Qatar é uma das mais baixas da Organização dos Países Exportadores de Petróleo (OPEP). No entanto, o Qatar está a aumentar enormemente a produção de líquidos não brutos, como o gás natural, que contribui para a produção global de líquidos do Qatar. Em 2012, a produção de líquidos não brutos do Qatar excedeu a sua produção de petróleo bruto, em resultado do vigoroso desenvolvimento do gás natural no Qatar. O sector do gás tende a manter-se elevado devido ao desenvolvimento contínuo do campo norte do Qatar. O consumo de gás natural quase triplicou entre 2003 e 2013 e a produção de gás natural do país quadruplicou durante o mesmo período. Por outro lado, a produção do sector petrolífero tem sofrido um declínio nos últimos anos, à medida que os campos maduros sofrem um declínio natural nos seus reservatórios. A produção de petróleo bruto caiu de 44% da produção total de petróleo em 2010 para 35% em 2014 (EIA, 2015). As figuras 21 e 22 abaixo mostram a produção e o consumo de petróleo bruto e gás do Qatar. O Qatar consome apenas 5% da sua produção de petróleo e 3% da sua produção de gás, exportando o restante para o estrangeiro.

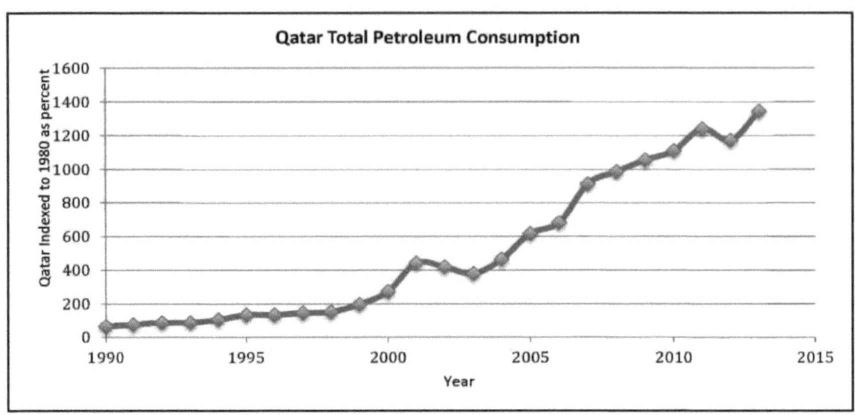

Figura 20: Consumo de petróleo do Qatar (Dados retirados das Estatísticas Internacionais de Energia da EIA de 2016)

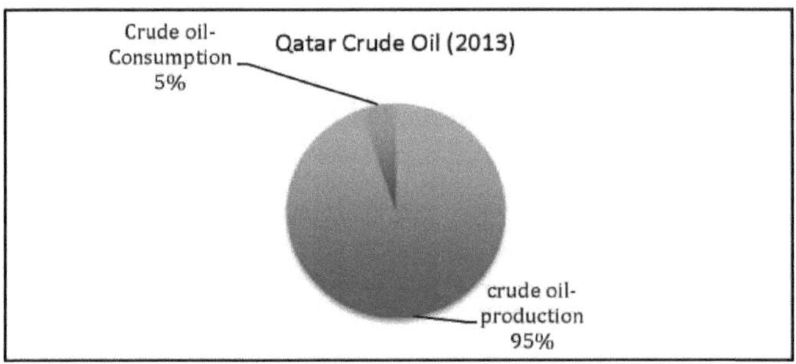

Figura 21: Produção de petróleo bruto do Qatar vs. Consumo

(Dados retirados das Estatísticas Internacionais de Energia da AIE de 2016)

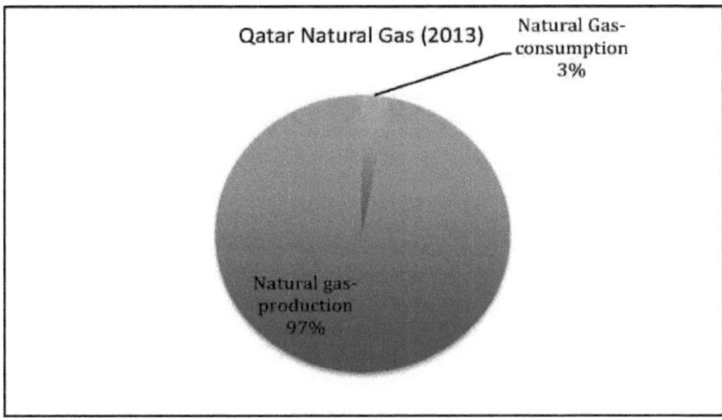

Figura 22: Produção de gás natural do Qatar vs. Consumo (Dados retirados das Estatísticas Internacionais de

Energia da EIA de 2016)

4.2.1 Importações e exportações de energia do Qatar

O Qatar não importa petróleo bruto ou gás natural, uma vez que os sectores de produção e refinação do país satisfazem a procura de energia da população. O Qatar exporta mais de 95% do seu petróleo bruto e gás natural. Segundo a OPEP, a maior parte das exportações do Qatar destina-se a países asiáticos, com mais de 60% para o Japão (EIA, 2015). Além disso, uma pequena quantidade é enviada para os Emirados Árabes Unidos através dos gasodutos dolphin entre o Qatar e os Emirados Árabes Unidos. A exportação comercial do Qatar teve início entre 1939 e 1940 (OPEC, 2017).

A figura 23 mostra que as exportações de petróleo bruto do Qatar se mantiveram estáticas no início da década de 1990 até 1997, altura em que as exportações de petróleo se expandiram e começaram a aumentar devido ao desenvolvimento de novos campos. As exportações de petróleo bruto começaram a diminuir em 2007 devido ao esgotamento dos reservatórios de petróleo do Qatar e ao desenvolvimento do gás natural no Qatar. A curva das exportações de gás natural (Figura 23) mostra o desenvolvimento contínuo do Qatar no sector do gás natural com o desenvolvimento de instalações de GNL de última geração que promovem o fornecimento de GNL limpo ao mundo (EIA, 2017). O gás natural é atualmente o centro do sector energético do Qatar, uma vez que o Qatar é o maior produtor de GNL do mundo desde 2006. A Figura 24 ilustra os principais países exportadores do Qatar.

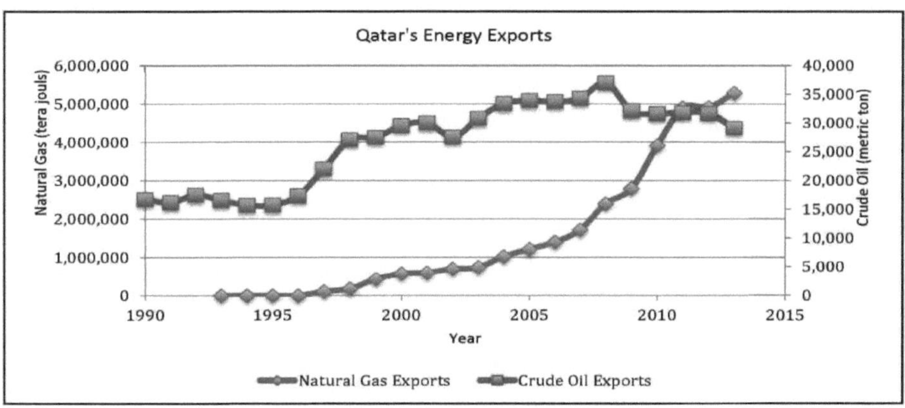

Figura 23: Exportações de energia do Qatar

(Dados retirados dos Indicadores de Desenvolvimento do Banco Mundial de 2016)

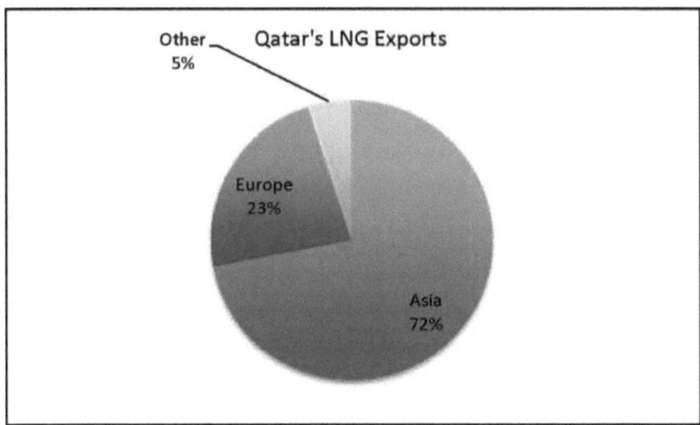

Figura 24: Exportações de GNL do Qatar

(Dados retirados dos Indicadores de Desenvolvimento do Banco Mundial de 2016)

4.2.2 Emissões de CO_2 do Qatar por sector

Os recursos energéticos no Qatar, incluindo o petróleo e o gás, estão principalmente distribuídos por 4 áreas: produção de eletricidade e calor, indústrias transformadoras e construção;

transportes; e serviços residenciais, comerciais e públicos. A Figura 25 abaixo mostra a percentagem de emissões de CO_2 para cada um desses sectores. O sector da produção de eletricidade e calor é responsável pela maior parte do consumo no Qatar. A procura de eletricidade aumentou tremendamente nos últimos anos no Qatar, onde toda a capacidade de produção de eletricidade é feita através da utilização de gás natural. A procura de eletricidade no Qatar aumentou de 8 mil milhões de KW em 2000 para quase 33 mil milhões de KW em 2012. Estão ainda em curso discussões entre os países do CCG com o objetivo de ligar as redes entre os seus membros. Os sectores da indústria transformadora e dos transportes são os dois sectores mais importantes, com 17% e 16%, respetivamente. O sector residencial gera apenas 0,5% de CO_2 do total de emissões de CO_2 . Note-se que o Qatar tem uma produção central de arrefecimento fornecida pela Qatar Cool, pelo que os principais centros comerciais (West Bay) e residenciais (The Pearl) têm instalações de arrefecimento distrital, em vez de edifícios ou unidades individuais (EIA, 2017).

Segue-se uma breve descrição das emissões de CO_2 por sector:

- Emissões de CO_2 provenientes da produção de eletricidade e calor:

Este valor é calculado pela soma de três categorias de emissões de CO da AIE_2 (EIA, 2017):

1. Produtor de eletricidade e calor com atividade principal: inclui a soma das emissões da produção de eletricidade, da produção combinada de calor e eletricidade e das centrais térmicas dos produtores com atividade principal.

2. Autoprodutores não atribuídos: inclui as emissões provenientes da produção de eletricidade e/ou calor por autoprodutores. Os autoprodutores são definidos como acções que geram eletricidade e ou calor para utilização própria como atividade de apoio à sua atividade primária.

3. Outras indústrias energéticas contém emissões de combustível queimado em refinarias de petróleo, para o fabrico de combustíveis sólidos, extração de carvão, extração de petróleo e gás e outras indústrias produtoras de energia.

- CO_2 emissões das indústrias transformadoras e da construção: Inclui as emissões resultantes da combustão de combustíveis na indústria.
- CO_2 emissões de edifícios residenciais e de serviços comerciais e públicos: Inclui todas as emissões provenientes da combustão de combustíveis em habitações, comércio e serviços públicos.
- Emissões de CO_2 provenientes dos transportes: Inclui as emissões provenientes da combustão de combustível em todas as actividades de transporte, independentemente do sector, com exceção das bancas da marinha internacional e da aviação internacional.

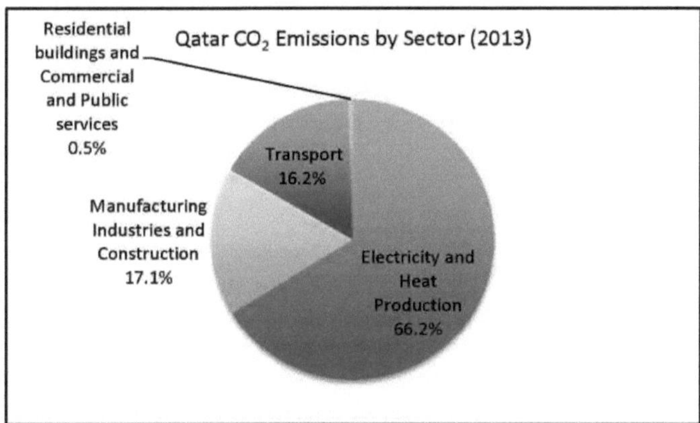

Figure 25: CO_2 Emissões por sector

(Dados retirados dos Indicadores de Desenvolvimento do Banco Mundial de 2016)

4.2.3 Mercado comercial do Qatar

A economia do Qatar depende principalmente da exportação dos seus recursos naturais. O Qatar está classificado como a 38th maior economia de exportação do mundo, para além de uma classificação de 28th no Índice de Complexidade Económica (ECI). De acordo com os dados do comércio global das Nações Unidas, o Qatar exportou $137B e importou $27B em 2013, desenvolvendo uma balança comercial positiva de $110B (UN Comtrade Database, 2016).

O gás de petróleo (87,5 mil milhões de dólares) é a principal exportação do Qatar, seguido do petróleo bruto

(24,9 mil milhões de dólares). Outras exportações incluem subprodutos de petróleo e gás e produtos químicos (24,6 mil milhões de dólares). Os destinos das exportações do Qatar são o Japão, a Coreia do Sul, a Índia e a China (UN Comtrade Database, 2016). As principais importações do Qatar incluem maquinaria (automóveis, turbinas a gás e compressores) ($8,35B), eletrónica ($2,29B), peças e acessórios para aeronaves ($1,67B), e. A Figura 26 mostra a distribuição das importações do Qatar. As principais importações do Qatar são provenientes da China, da França, do Reino Unido e dos Emirados Árabes Unidos (UN Comtrade Database, 2016).

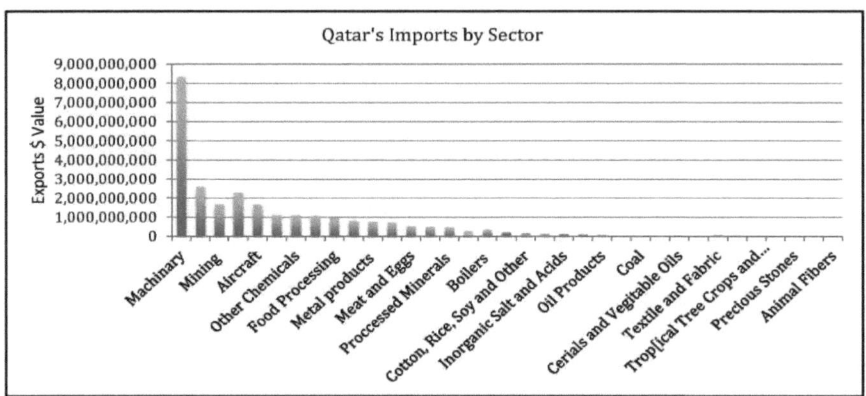

Figure 26: Importações do Qatar por sectores

(Dados da base de dados Comtrade da ONU, 2016)

4.2.4 Emissões *de CO* baseadas no consumo do Qatar $_2$

Para compreender as emissões de CO_2 baseadas no consumo do Qatar, foram adoptadas duas abordagens.

a. Rácio baseado no valor em dólares das exportações e importações líquidas do Qatar: A análise aqui baseia-se em encontrar o rácio entre as importações líquidas e as exportações líquidas e assumir que a correlação é semelhante ao calcular as emissões de CO_2 . O rácio encontrado foi de 0,19 e os valores utilizando este rácio são apresentados no Quadro 2. Esta abordagem não fornece os números exactos, mas é uma indicação da magnitude da mudança que poderia afetar as emissões do Qatar se fosse incorporado um sistema baseado no consumo. O valor per capita diminuiu de 44 toneladas métricas per capita para cerca de 8 toneladas métricas per capita. Isto terá um grande impacto na classificação global do Qatar no que respeita aos valores per capita das emissões de CO_2 . Com um valor de 8 toneladas métricas per capita, o Qatar seria classificado abaixo dos 10 maiores emissores de CO_2 em termos de medidas de comunicação per capita (UN Comtrade Database, 2016).

Tabela 2: Emissões absolutas de CO_2 do Qatar e per capita com base nos sistemas de contabilidade baseados na produção e no consumo.

Sistema de contabilidade	Emissões absolutas de CO_2 (Kt)	CO_2 Emissões per capita (tonelada métrica/Capita)
Baseado na produção	83,875	44
Baseado no consumo	16,547	8.7

b. Rácio baseado nas atribuições de consumo de emissões de CO_2 do Brunei:

O Brunei é um país com uma situação muito semelhante à do Qatar. O Brunei está classificado como o 4th maior emissor mundial de CO_2 per capita e, tal como o Qatar, é um país pequeno com exportações maciças e uma população reduzida. As emissões de CO_2 com base no consumo do Brunei foram obtidas num documento publicado pela OCDE que indica a atribuição de missões de CO_2 com base no consumo para os países da OCDE e alguns países não pertencentes à OCDE. De acordo com Wiebe e Yamano, as emissões de CO_2 do Brunei, baseadas no consumo versus produção, variaram quase 50% (Wieve e Yamano, 2016). A exportação do Brunei é muito semelhante à do Qatar, com 52% das suas exportações totais em gases de petróleo e 45% em petróleo bruto. Em termos de importações, as importações do Brunei e do Qatar são principalmente maquinaria, material de construção e eletrónica. (UN Comtrade Database, 2016).

Comparando o rácio entre a produção e o consumo do Brunei e as emissões de CO_2 e assumindo uma tendência semelhante para o Qatar, o Quadro 3 resume os resultados. O valor absoluto e o valor per capita do Qatar registam uma quebra de 50%. Além disso, podem ser considerados outros factores devido à diferença no rácio de gases de petróleo do Qatar em relação ao do Brunei, e existem algumas diferenças em termos de importações. As emissões de CO_2 do Qatar seriam ainda mais reduzidas com a incorporação destes factores.

Quadro 3: Correlação entre o Qatar e o Brunei

País	Contabilidade Sistema	Absoluto de CO_2 Emissões (Kt)	CO_2 Emissões per capita (tonelada métrica/Capita)
Qatar	Produção Baseado	83,875	44
	Consumo Baseado	49,069	25.4
Brunei	Produção Baseado	9,743	24.4
	Consumo	5,700	14.1

	Baseado		

4.2 Emissões de CO_2 per capita do Qatar Posição a nível mundial

A curva abaixo mostra as emissões per capita do Qatar desde 1990. De acordo com um estudo da World

Segundo o relatório do WildLife Fund, 70% das emissões no Qatar provêm da queima de combustíveis fósseis. O gráfico abaixo mostra as emissões per capita do Qatar nos últimos 30 anos (World WildLife Fund, 2014)

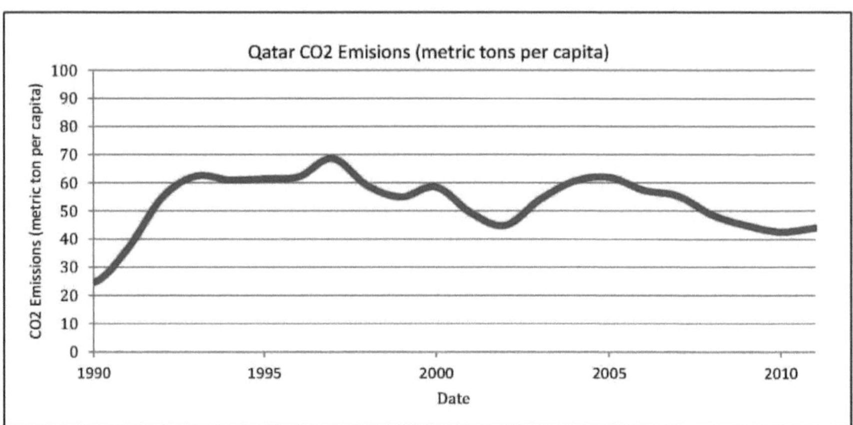

Figura 27: Tendência das emissões de CO_2 per capita do Qatar

(Dados retirados dos Indicadores de Desenvolvimento do Banco Mundial de 2016)

4.2.1 Emissões de CO_2 per capita em comparação com o CCG

De acordo com o Relatório Planeta Vivo 2014 do Fundo Mundial para a Natureza (WWF), o Kuwait tem a pegada de carbono mais elevada, o Qatar tem a segunda pegada de carbono mais elevada, os Emirados Árabes Unidos e o Reino da Arábia Saudita têm a terceira e a quarta pegada de carbono mais elevada entre os 152 países que foram objeto de medição. Todos os países do CCG partilham muitas características semelhantes: clima, consumo de energia e recursos naturais de petróleo e gás. A Figura 28 mostra as emissões per capita dos países do CCG; o Qatar é o país mais elevado em todos os anos, mas também é claramente visível um grande declínio na redução das emissões (World WildLife Fund, 2014).

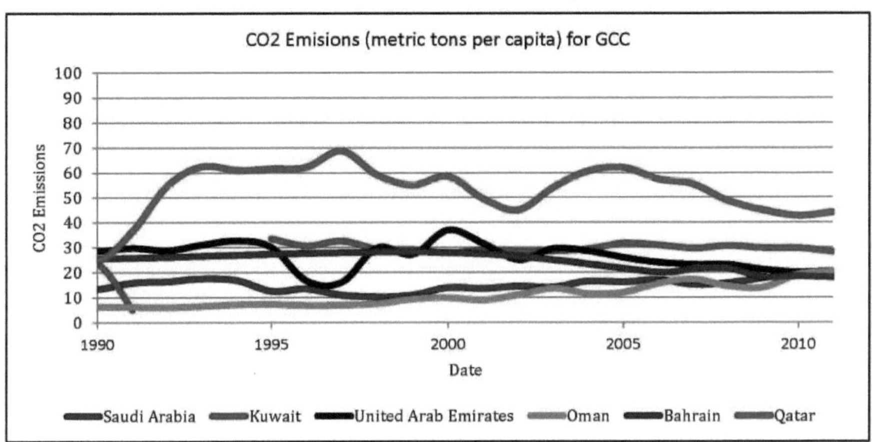

Figura 28: Emissões de CO_2 per capita para os países do CCG

(Dados retirados dos Indicadores de Desenvolvimento do Banco Mundial de 2016)

4.2.2 Emissões de CO_2 per capita em comparação com os principais produtores de GNL

De acordo com a EIA (2014), "o Qatar exporta 85% do seu gás natural como gás natural liquefeito [GNL] e tem sido o maior exportador de GNL do mundo desde 2006". O Qatar exporta 63% do seu GNL para a Ásia, 30% para a Europa e 8% para outros países. Os países asiáticos incluem o Japão, a Índia, a Coreia do Sul e a China. Para além disso, o Qatar envia uma pequena quantidade da sua produção de gás natural através dos gasodutos Dolphin para os EAU e Omã (EIA, 2014). A principal vantagem que o Qatar tem em termos de benefícios geográficos é a sua localização geográfica estratégica entre os principais mercados da Ásia e da Europa.

O Qatar tem vindo a aumentar as suas exportações de produção de GNL desde 2005, ano em que a exportação foi de cerca de 20 milhões de toneladas de GNL. As exportações de produção aumentaram para cerca de 37 toneladas em 2009 e 77 toneladas por ano em 2011. As exportações de GNL duplicaram nos últimos dois anos, tendo o Qatar apresentado enormes desenvolvimentos nas instalações de GNL a nível local (EIA, 2014). O Qatar tem uma boa reputação no mercado do gás natural como vendedor fiável. Uma ilustração da imagem global positiva do Qatar pode ser vista nas aspirações futuras da Itália em relação ao Qatar. A Itália está ansiosa por estreitar a sua relação com o Qatar através da construção do seu segundo terminal de receção de GNL em Itália. De acordo com Shoeb (2015) no jornal *The Peninsula*, a Itália está a funcionar quase em plena capacidade no seu terminal de GNL existente e está ansiosa por construir outro terminal para receber mais GNL do Qatar. O acordo de GNL entre o Paquistão e o Qatar é também outro exemplo do contínuo desenvolvimento global do Qatar na região. De acordo com Amena e Kathrine (2015), "a Qatargas está na fase final das conversações sobre um acordo para fornecer ao Paquistão 3 milhões de toneladas de gás natural liquefeito (GNL) por ano durante 15 anos". Além disso, a Tailândia foi recentemente acrescentada a um dos destinos de exportação a longo prazo do Qatar na Ásia. De acordo com um boletim informativo da Qatargas (2015), o Qatar entregou o seu primeiro carregamento de GNL à Tailândia em janeiro de 2015 ao abrigo de um contrato de longo prazo. O acordo estabelece que o Qatar entregará dois milhões de toneladas de GNL por ano durante um período de 20 anos a partir de 2015.

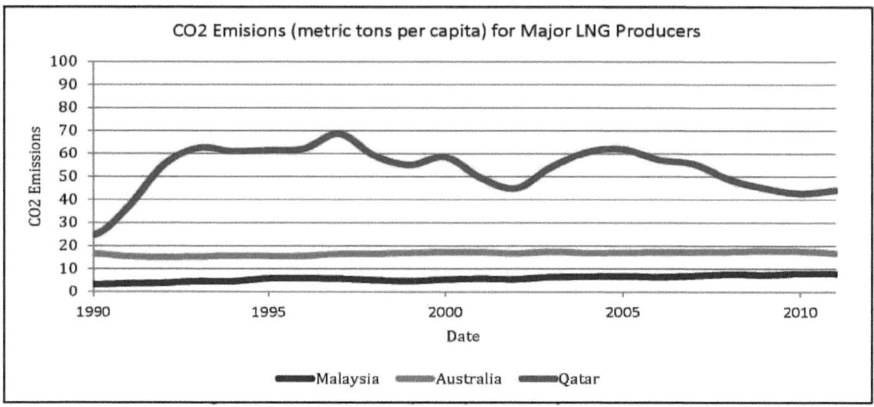

(Dados retirados dos Indicadores de Desenvolvimento do Banco Mundial de 2016)

4.2.3 Emissões de CO_2 per capita comparadas com os principais emissores

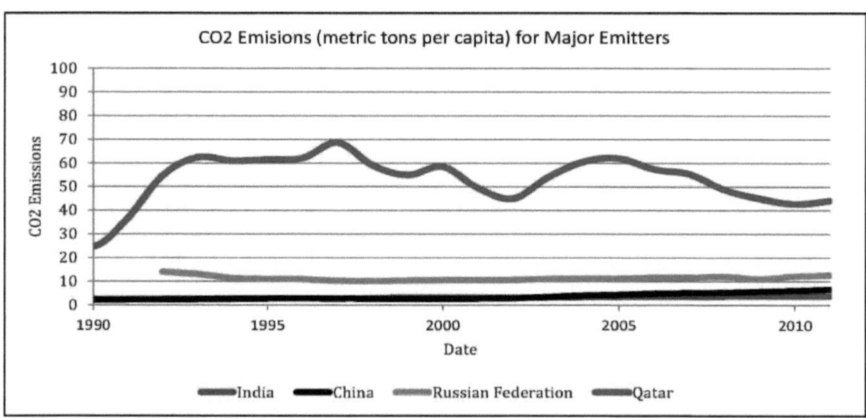

Figura 29: Emissões de CO_2 per capita dos principais emissores

(Dados retirados dos Indicadores de Desenvolvimento do Banco Mundial de 2016)

O Qatar tem as **emissões de CO_2 mais elevadas** em comparação com os principais emissores (Figura 29). A dimensão e a população do Qatar em comparação com a China, a Rússia e a Índia são muito pequenas. A tabela seguinte resume a população de cada país, pelo que o Qatar é o maior produtor com a população mais pequena.

Tabela 4: População do Qatar em comparação com a Rússia e a China

País	População (2011)
Qatar	1,732,717
Federação Russa	143,000,000
China	1,34,000,000
Índia	1,210,192,422

(Dados retirados dos Indicadores de Desenvolvimento do Banco Mundial de 2016)

5.0 Conclusões e recomendações

5.1 Adaptação às alterações climáticas

Os governos, os indivíduos e as empresas são os principais contribuintes para o bem-estar do ambiente. Os governos precisam de prestar mais atenção ao ambiente, implementando regulamentos e normas para reduzir o impacto da indústria do petróleo e do gás no ambiente. Estes regulamentos podem incluir limites à capacidade de emissão de dióxido de carbono e políticas de queima zero para centrais eléctricas e fábricas. As empresas devem juntar-se ao governo na proteção do ambiente, reforçando a segurança energética e permitindo o crescimento económico de fontes de energia limpas e renováveis. Os particulares podem também promover a sensibilização para a utilização de veículos com maior eficiência energética e para a utilização de transportes públicos sempre que possível.

5.1.1 As tecnologias disponíveis para reduzir as nossas emissões de carbono

Novas tecnologias têm vindo a evoluir para reduzir os gases com efeito de estufa e minimizar as nossas pegadas no ambiente. Pacala e Socolow (2004) propõem um modelo de estabilização com estratégias potenciais que podem ser utilizadas para resolver o problema do clima e reduzir as emissões de carbono de 2004 a 2054 em 25 GtC, com a utilização das tecnologias actuais. O modelo centra-se principalmente no co2, uma vez que este é o gás com efeito de estufa dominante. As potenciais soluções incluem a utilização de veículos eficientes, edifícios eficientes, centrais de carvão de base eficientes, energias renováveis, redução da desflorestação e utilização de culturas conservadoras. A captura e armazenamento de CO2 é também outra técnica inovadora em que o co2 pode ser capturado e utilizado para aumentar os reservatórios de forma incremental através de uma melhor recuperação de petróleo na indústria petrolífera (Pacala e Socolow, 2004).

5.1.2 Emissão zero de carbono

A emissão zero de carbono é um objetivo global após o acordo da COP21 de Paris. De acordo com Christiana Figures (2015), nas conversações da ONU sobre o clima, em Genebra, ter como objetivo a longo prazo a emissão líquida zero será visto como uma porta de entrada para a obtenção de uma ação internacional. Por exemplo, os decisores têm como objetivo limitar o aquecimento global a um aumento máximo da temperatura de dois graus acima das temperaturas pré-industriais (Denise, 2014). O conceito de emissões zero ainda não é claro para muitos países. Muitas pessoas debatem o facto de os países desenvolvidos terem tido a sua oportunidade de desenvolvimento económico e industrialização e, na altura, terem libertado emissões que não seriam permitidas hoje em dia, e agora estão a pressionar fortemente os países em desenvolvimento para que atinjam emissões zero durante a sua fase de desenvolvimento económico (Pashley, 2015). O principal objetivo das emissões zero é reduzir e mitigar os impactos perigosos das alterações climáticas. Por conseguinte, muitos países criaram estratégias que visam emissões zero de carbono até 2100.

5.1.3 Sistema Cap and Trade

O Cap and Trade é uma abordagem baseada no mercado internacional para controlar a poluição atmosférica e as emissões de dióxido de carbono pelas autoridades governamentais. Muitos países desenvolvidos estão a implementar com sucesso o "Sistema de limitação e comércio" nas suas organizações e acreditam que é uma das abordagens práticas mais ambientais e económicas para limitar as emissões de gases com efeito de estufa. 'Cap' significa estabelecer um limite para as emissões libertadas. Este limite deve diminuir ao longo do tempo para reduzir os poluentes. "Comércio" significa investir através da criação de um mercado de licenças de carbono e da criação de autorizações de carbono que controlam a quantidade de emissões libertadas. O conceito principal é emitir menos e pagar menos. Os decisores acreditam que o Cap and Trade é uma forma economicamente desejável de regular as emissões de carbono devido a vários factores. Em primeiro lugar, o limite estabelece o nível máximo das emissões libertadas e é medido em milhares de milhões de toneladas de CO_2 por ano. Em segundo lugar, abrange todos os poluentes, que provêm de uma vasta gama de indústrias de combustíveis fósseis, transportes

indústrias e grandes fabricantes. Em terceiro lugar, os emissores só podem emitir uma quantidade limitada de poluição, que é controlada pelo governo através da distribuição de licenças para cada poluente. O sistema de limitação e comércio de emissões conduz à inovação e ao investimento. Todas as vantagens mencionadas anteriormente tornam o sistema de limitação e comércio de emissões uma boa abordagem ambiental e económica para limitar as emissões globais de carbono. Atualmente, este sistema é aplicado nos EUA, na UE e na China (Environmental Defense Fund, 2017).

5.2 Iniciativas limpas do Qatar

O Qatar é um país em desenvolvimento, é o maior exportador de GNL e possui a terceira maior reserva de gás natural do mundo. O Qatar contribui indiretamente para atenuar o impacto das alterações climáticas, o que é feito através da exportação de uma forma de energia limpa, ou seja, o gás natural liquefeito. Embora seja um dos principais contribuintes para o fornecimento de energia limpa ao mundo, o Qatar tomou outras iniciativas para minimizar as suas emissões de carbono. A Qatar Petroleum está a colaborar com o Ministério do Ambiente para criar políticas e regulamentos para controlar as emissões de carbono na indústria petroquímica. Além disso, estão a decorrer projectos-piloto com grandes CAPEX para otimizar os processos através da utilização de tecnologias energeticamente eficientes. O Qatar está atualmente a avançar no sentido de reduzir a sua pegada de carbono através de muitas iniciativas (Qatar INDC Report, 2015). Estas iniciativas são discutidas nas secções seguintes

5.2.1 Rumo às energias renováveis

O Qatar está a trabalhar na diversificação do seu cabaz energético, afastando-se dos hidrocarbonetos e privilegiando as energias renováveis. O Qatar está a avançar para a utilização da energia eólica e solar e pretende tornar-se um fornecedor regional de eletricidade gerada por energia solar (Relatório INDC do

Qatar, 2015).

5.2.2 Investigação e desenvolvimento

A investigação e o desenvolvimento são um fator-chave na Visão Nacional 2030 do Qatar. O governo do Qatar está a gastar milhões de dólares em investigação em áreas como a melhoria da eficiência energética, o combate aos impactos das alterações climáticas e a utilização de energias limpas e renováveis (Qatar INDC Report, 2015). O Instituto do Ambiente e Investigação do Qatar (QEERI), criado em 2011 pela Fundação do Qatar, é uma prova clara das acções sólidas do Qatar no sentido de investir na investigação em energias limpas (QEERI, 2015).

5.2.3 Infra-estruturas e transportes

O Qatar está a avançar para a utilização de uma infraestrutura eficiente e amiga do ambiente. Os transportes públicos do Qatar estão a ser expandidos para reduzir os impactos das alterações climáticas e as pegadas de CO_2 (Qatar INDC Report, 2015). O Qatar Rail foi criado em 2011 para responder ao rápido crescimento do Qatar com um meio de transporte sustentável e eficiente. O novo sistema ferroviário será capaz de acomodar o transporte de pessoas com um impacto mínimo no ambiente (Qatar Rail, 2016).

5.2.4 Evolução do gás natural

a. Projeto de gás de Barzan

Uma das inovações no sector do gás natural no Qatar é o Projeto de Gás Barzan, um dos desenvolvimentos em curso no Qatar no sector do gás natural que envolve o desenvolvimento de duas das maiores unidades de processamento de gás natural do mundo para apoiar as necessidades energéticas crescentes e de longo prazo do Qatar. A RasGas Company Limited está agora na fase de execução do projeto, com mais de 300.000 pessoas de mais de 40 países a trabalhar em conjunto numa abordagem segura e amiga do ambiente. O projeto Barzan desempenhará um papel vital na satisfação da crescente procura de gás no Qatar. Serão gerados 1,4 mil milhões de pés cúbicos padrão por dia de gás de venda a partir do Train1 e do Train 2 do projeto. A maior parte dos

a produção do projeto Barzan será utilizada no sector da energia e da água em grande escala, necessário para os projectos de infra-estruturas nacionais, incluindo o Qatar Rail, o novo aeroporto internacional de Doha, a cidade de Lusail, o novo porto de Doha, os estádios do Campeonato do Mundo e a ponte da amizade Qatar-Bahrain. A produção do projeto Barzan também será utilizada para facilitar hospitais, auto-estradas, escolas e infra-estruturas de resíduos e eletricidade, a fim de satisfazer as crescentes necessidades energéticas do Qatar. O projeto Barzan provou fornecer uma fonte de energia limpa à população do Qatar para as gerações vindouras, graças à aplicação de uma avaliação exaustiva do impacto ambiental, socioeconómico e sanitário (ESHIA). O projeto aplicou eficazmente os controlos ambientais e as medidas de atenuação do impacto, incluindo o ambiente marinho e costeiro, o ambiente em terra, a geologia, as águas subterrâneas, a base arqueológica e as condições socioeconómicas (Bacon & Al- Kuwari, 2014).

b. Gás Natural Comprimido

O Qatar está a estudar a utilização de gás natural comprimido (GNC) em vez de combustíveis convencionais. A Qatar Petroleum está atualmente a avaliar este projeto, analisando os impactos lógicos, técnicos, ambientais e económicos da utilização do GNC nos transportes no Qatar. Um projeto-piloto foi introduzido em novembro de 2012, quando a Qatar Petroleum e a Mowasalat assinaram um memorando de entendimento para desenvolver o GNC nos transportes públicos. O projeto está dividido em três fases. A Fase 1 (2012 a 2017) inclui a utilização de GNC nos autocarros da Mowasalat e nas frotas da Qatar Petroleum, Qatar Gas, RasGas e Woqod. Fase 2 (2018 a 2022), expansão do GNC aos sectores privados e às frotas governamentais. Fase 3 (2023 a 2032), em que o GNC abrangerá veículos ligeiros e pesados. A utilização efectiva do GNC reduzirá significativamente as emissões de CO_2, proporcionará a diversificação do cabaz energético nacional, aumentará a segurança do abastecimento de combustível e incentivará o desenvolvimento de uma rede nacional de distribuição de gás no Qatar (Kafood, 2014).

c. Projeto de recuperação de gás de ebulição do cais

O projeto de recuperação de gás do Jetty Boil-off é um dos projectos de gestão ambiental do Qatar para reduzir as emissões de CO_2 para a atmosfera. O GNL do Qatar é exportado através de seis cais de carregamento de GNL na cidade industrial de Ras Laffan. Durante o carregamento do GNL nos navios, uma parte do líquido a menos de 160 C entra em ebulição ao encontrar o tanque mais quente do navio. O gás fervido é depois queimado nos cais porque não há saída disponível para o gás de baixa pressão. O projeto Jetty Boil-off visa recuperar o gás queimado nos cais de GNL. Espera-se que a aplicação deste projeto evite que 1,6 milhões de toneladas de emissões de CO_2 prejudiquem o ambiente. Outros benefícios do projeto de recuperação de gás do Jetty Boil-off incluem a produção de até 750 MW de gás recuperado que pode ser utilizado para produzir eletricidade para até 300 000 casas (Mirza, 2014).

5.2 Recomendações para emissões "Net Zero

O Qatar precisa de fazer face aos impactos das alterações climáticas, avançando para um futuro mais limpo. A investigação e o desenvolvimento contínuos serão um elemento-chave para o Qatar ultrapassar os seus desafios. O aumento da temperatura global, a subida do nível do mar e as condições meteorológicas extremas decorrentes das alterações climáticas podem ter um impacto grave na sociedade do Qatar. O Qatar pode avançar para emissões zero de CO_2 aplicando o triângulo de estabilização em três sectores principais. Estes incluem a eficiência energética e a conservação, estratégias baseadas em combustíveis fósseis e energias renováveis e bioarmazenamento (Pacala e Socolow, 2004). As estratégias de eficiência e conservação de energia incluem a utilização de edifícios eficientes, carros eficientes e a redução do número de veículos nas ruas. Esta iniciativa está atualmente em curso, uma vez que o sistema ferroviário se encontra em fase de construção (Qatar Rail, 2016). As estratégias baseadas nos combustíveis fósseis incluem a utilização da recuperação melhorada de CO_2 nos reservatórios de petróleo, para além do armazenamento e sequestro de

CO_2 das instalações industriais. A Qatar Petroleum começou a avançar para técnicas inovadoras através da aplicação de um projeto-piloto de recuperação reforçada de petróleo com CO_2 no seu campo petrolífero maduro em Dukhan. O projeto-piloto proposto está a ser estudado para a sua plena implementação, a fim de sustentar a produção de Dukhan, fazendo simultaneamente uma boa utilização das emissões nocivas de CO_2 (Ozen et al.,

2014). As iniciativas de energias renováveis e de bioarmazenamento no Qatar incluem os esforços do governo na investigação e desenvolvimento das energias solar e eólica e a sua eficácia no Qatar (Qatar INDC Report, 2015). Com a aplicação destas três estratégias-chave, o Qatar poderá avançar para um ambiente mais limpo com zero emissões de CO_2 a longo prazo.

6.0 Trabalho futuro

Pode ser feito um trabalho adicional utilizando uma unidade de contabilização detalhada das emissões de CO_2 baseada no consumo e calculando a pegada real do Qatar em termos do consumo do país.

Referências

Al-Ghabban, Abdulrahman. (2013). *A estratégia da Arábia Saudita para as energias renováveis e Roteiro de implantação da energia solar*. Cidade Rei Abdulla para a Energia Atómica e Energias renováveis. Obtido de https://www.irena.org/DocumentDownloads/masdar/Abdulrahman%20Al%20G habban%20Presentation.pdf

Al-Jeneid, S., Bahnassy, M., Nasr, S., Raey, M.E., (2008). *Avaliação da vulnerabilidade e adaptação aos impactos da subida do nível do mar no Reino do Barém*. Obtido em http://dx.doi.org/10.1007/s11027-007-9083-8.

Alba. (2011). Autoridade de Investimento do Qatar. *Capital Negro: Europa, Médio Oriente.* Obtido em http://black-capital.com/news/2011/03/qatar-investment- authority/?lang=en

Alnaser, W.E., & Alnaser, N.W. (2011). O estado das energias renováveis nos países do CCG. *Renewable and Sustainable Energy Reviews, 15/6,* 3074-3098. Recuperado de http://www.sciencedirect.com/science/article/pii/S1364032111001249

Al Sada, Mohammed bin Saleh. 2014. "Desenvolver recursos num ambiente volátil é o maior desafio para a indústria do gás, diz o Qatar". *Natural Gas Asia*. 6 Nov. Obtido em http://www.naturalgasasia.com/developing-resources-in- volatile-environment-biggest-challenge-for-gas-industry-says-qatar-13977

API. (2015). O Instituto Americano do Petróleo. *Operações de Gás Natural Liquefeito (GNL).* Metodologia Consistente para a Estimativa das Emissões de Gases com Efeito de Estufa. Versão 1.0

Aplicando o Princípio da Precaução ao Aquecimento Global. (2000). Recuperado de http://www.ncpa.org/sub/dpd/index.php?Article_ID=9106.

Bacon, W., & Al-Kuwari, E.M.M.R. (2014). Projeto de Gás de Barzan: Fonte de energia limpa Apoiar a visão do Qatar. *Conferência Internacional de Tecnologia do Petróleo, 19-22 janeiro, Doha, Qatar.* Recuperado de https://doi.org/10.2523/IPTC-17317-MS

Bodansky, D. (2001) The History of the Global Climate Change Regime. Em Urs Luterbacher e Detlef F. Sprinz, (Eds.), *International Relations and Global Climate Change* (23-40). Cambridge: The MIT Press. Obtido de http://graduateinstitute.ch/files/live/sites/iheid/files/sites/admininst/shared/do c-professores/luterbacher capítulo 2 102.pdf.

Bakr, Amena e Houreld, Katharine. (2015). *Atualização 1-Qatargas, Paquistão perto de 15- acordo de fornecimento de GNL por um ano - fontes.* Reuters. Recuperado de http://www.reuters.com/article/qatar-pakistan-lng-idUSL5N0VS1BS20150218

BP statistical Review of World Energy. (2016). Centro de Investigação em Economia da Energia e Política. 65th edition. Recuperado de https://www.bp.com/content/dam/bp/pdf/energy-economics/statistical-review- 2016/bp-statistical-review-of-world-energy-2016-full-report.pdf

Carrington, D. (2015). *Ondas de calor extremas podem empurrar o clima do Golfo para além do humano Resistência. The Guardian.* Recuperado de http://www.theguardian.com/environment/2015/oct/26/extreme-heatwaves- estudo-mostra-que-pode-puxar-o-golfo-clima-para-além-da-resistência-humana

Centro para Soluções Climáticas e Energéticas. (2011). *Alterações climáticas 101: Ciência e Impactos.* Recuperado de https://www.c2es.org/science-impacts

CAT. (2017). Climate Action Tracker. *Instituto do Novo Clima.* Recuperado de http://climateactiontracker.org/

Christiana Figueres. (2015). *Conferência de Genebra sobre alterações climáticas.* Obtido de http://unfccc.int/meetings/geneva_feb_2015/meeting/8783.php

Church, J.A., Clark, P.U., Cazenave, A., Gregory, J.M., Jevrejeva, S., Levermann, A., Unnikrishnan, A.S. (2013). Mudança do nível do mar. In: IPCC, 2013. *Climate Change 2013: a base científica física. Contribuição do Grupo de Trabalho I para o Quinto Relatório de Avaliação de Impacto Ambiental.*

Relatório de Avaliação do Painel Intergovernamental sobre as Alterações Climáticas. [Stocker, T.F., D. Qin, G.-K. Plattner, M. Tignor, S.K. Allen, J. Boschung, A. Nauels, Y. Xia, V.

Bex e P.M. Midgley (eds.)] (1137-1126). Cambridge: Universidade de Cambridge Press. doi: 10.1017/CBO9781107415324.026

Causas das alterações climáticas. 2.5. Mecanismos de forçagem. (n.d.) *A Complete Guide to Climate Alterar.* www.global-climate-change.org.uk/2-5-1.php

Chow, Lorraine. (2015, 23 de junho). Seis ondas de calor devastadoras que atingem o planeta. Recuperado de *EcoWatch.* http://www.ecowatch.com/6-devastating-heat-waves-hitting-the-planet-1882053965.html

Davenport, Coral. (2017). *Agência Head Stacks com cépticos das alterações climáticas.* The New York Times. Recuperado de https://www.nytimes.com/2017/03/07/us/politics/scott-pruitt-environmental-proteção-agência.html

Denise Marray, D. (2014, 21 de setembro). Especialista elogia os feitos da pesquisa de captura de carbono do Qatar. *Gulf Times*. Recuperado de http://www.gulf- times.com/story/409210/Expert-lauds-Qatar-carbon-capture-research-feats

Fundo de Defesa Ambiental (2017). *Como funciona o Cap and Trade*. Recuperado de https://www.edf.org/climate/how-cap-and-trade-works

Hora do Planeta. (2017). Recuperado de https://www.earthhour.org/2017-highlights.

EPA. (2017). *Visão geral dos gases de efeito estufa*. Recuperado de https://www.epa.gov/ghgemissions/overview-greenhouse-gases

El Raey, Mohamed. (2015). Impacto da subida do nível do mar na região árabe. Obtido em http://www.arabclimateinitiative.org/Countries/egypt/ElRaey_Impact_of_Sea_Level_Rise_on_the_Arab_Region.pdf

Esrafili-Dizaji, B., Rahimpour-Bonab, H., Harchegani, K., Tavakoli, V. & Naderi, M. (2013, 13 de fevereiro). Grandes objectivos de exploração no Golfo Pérsico: o Norte Campos de Dome/South Pars. *Encontrando Petróleo*. Obtido de http://www.findingpetroleum.com/n/Great_exploration_targets_in_the_Persian_Gulf_the_North_DomeSouth_Pars_Fields/ab3518c5.aspx

AIA. (2016). Administração da Informação sobre Energia dos EUA. *Estatísticas internacionais de energia.* Obtido em https://www.eia.gov/beta/international/

AIA. (2014). *Estatísticas e análises independentes da Administração de Informação sobre Energia* dos EUA.

AIA. (2015). Administração da Informação sobre Energia dos EUA. *Resumo da análise do país do Qatar.* Obtido em https://www.eia.gov/beta/international/analysis_includes/ countries_long/Qatar /qatar.pdf

AIA. (2017). Administração da Informação sobre Energia dos EUA. Emissões de dióxido de carbono relacionadas com a energia dos EUA. Recuperado de https://www.eia.gov/environment/emissions/carbon/

Secretariado-Geral do Planeamento do Desenvolvimento. (2009). *Avançar Desenvolvimento sustentável. Relatórios das Nações Unidas sobre o Desenvolvimento Humano.* Obtido em http://hdr.undp.org/en/content/advancing-sustainable- development

Govida, Timilsina. (2007). *Estabilização atmosférica das emissões de CO2: Objectivos baseados na intensidade de redução a curto prazo.* Banco Mundial. Equipa de Desenvolvimento Sustentável e Urbano.

Goklany, Indur M. (2004) "Applying the Precautionary Principle to DDT." *Brief Analyses: Energia e Recursos Naturais, No. 485*. Dallas, TX: Centro Nacional de Políticas Análise. Obtido de http://www.ncpa.org/pub/ba485/#sthash.oY8ABvxS.dpuf

Goklany, Indur M., (2000) Applying the Precautionary Principle to Global Warming. *Weidenbaum Center Working Paper No. PS 158*. Obtido em: https://ssrn.com/abstract=250380

IPCC. (2007a). *Quarto Relatório de Avaliação do IPCC.* Obtido de https://www.ipcc.ch/publications_and_data/ar4/syr/en/spms2.html

IPCC. (2007b): *Climate Change 2007: Relatório de Síntese. Contribuição dos Grupos de Trabalho I, II e III para o Quarto Relatório de Avaliação do Painel Intergovernamental sobre as Alterações Climáticas* [Equipa Central de Redação, Pachauri, R.K e Reisinger, A. (eds.)]. Genebra: IPCC.

IPCC. (2012). *Gerir os riscos de fenómenos extremos e catástrofes para promover a adaptação às alterações climáticas (SREX): Um relatório especial dos grupos de trabalho I e II do Painel Intergovernamental sobre as Alterações Climáticas.* Cambridge: Cambridge University Press.

IPCC. (2013) IPCC, 2013: *Climate Change 2013: The Physical Science Basis. Contribuição do Grupo de Trabalho I para o Quinto Relatório de Avaliação do Painel Intergovernamental sobre as Alterações Climáticas* [Stocker, T.F., D. Qin, G.-K. Plattner, M. Tignor, S.K. Allen, J. Boschung, A. Nauels, Y. Xia, V. Bex e P.M. Midgley (eds.)]. Cambridge: Cambridge University Press, doi:10.1017/CBO9781107415324. Recuperado de http://www.climatechange2013.org/report/full-report/

IPCC. (2014). *Alterações climáticas 2014: Impactos, adaptação e vulnerabilidade. Parte A: Aspectos globais e sectoriais. Contribuição do grupo de trabalho II para o quinto relatório de avaliação do Painel Intergovernamental sobre as Alterações Climáticas.* Cambridge: Cambridge University Press.

Agência Internacional da Energia (2016). *Principais estatísticas mundiais sobre energia 2017.* Obtido em http://www.iea.org/publications/freepublications/publication/key-world- energy-statistics.html

IGU. (2016). União Internacional do Gás: *Relatório Mundial sobre GNL*. Conferência LNG 18 e

Edição de exposição. Recuperado de *www.igu.org/download/file/fid/2123*

John, P. (2014, 9 de setembro) Qatar's gas reserves 'set to last 156 years'. *Gulf Times.*

Obtido em http://www.gulf-times.com/story/407519/Qatar-s-gas-reserves- set-to-last-156-years.

Kafood, A. (2014). *Aplicação de GNC no Qatar*. (IPTC 17497). Recuperado em 8 de março de 2017, de OnePetro.

Mills, R. (2014, 24 de agosto). O domínio do Qatar sobre o GNL tem limitado

Manter o poder. Retirado de https://doi.org/10.2523/IPTC-17497-MS

Kelly, Liam. (2017, 10 de janeiro). "A China anunciou que está a investir 360 mil milhões de dólares em fontes de energia renováveis para combater a poluição". *Newsweek*. Recuperado de http://www.newsweek.com/china-invest-360-billion-green-energy-2020-reduce- pollution-538844

Liu, Yimeng; Tian, Hezhong (2014) Indicador de alterações climáticas: Emissões de CO_2 per capita.

Em: Xiaoxi Li (ed.). *Relatório de Desenvolvimento Verde Humano 2014.* (117-132) Heidelberg: Springer.

Mui, Simon, Tonachel, Luke, McEnaney, Bobby, e Shope, Elizabeth. (2010). *Emissão de GEE. Factors for High Carbon Intensity Crude Oils.* Conselho de Defesa dos Recursos Naturais.

Mills, R. (2014). O *domínio do Qatar sobre o GNL tem um poder de permanência limitado. The National.*

Obtido em http://www.thenational.ae/business/energy/qatars-lng- dominance-has-limited-staying-power

M. E. (2015). Impacto da subida do nível do mar na região árabe. Impacto da subida do nível do mar na região árabe. Obtido de

http://www.arabclimateinitiative.org/Countries/egypt/ElRaey_Impact_of_Sea_L

evel_Rise_on_the_Arab_Region.pdf

Mahler, Jonathan. (2013). Bloomberg. *Fiasco da Copa do Mundo do Qatar*. Recuperado de

https://www.bloomberg.com/view/articles/2013-10-03/qatar-s-world-cup-fiasco

McCright, Aaron, e Riley Dunlap. (2000) Challenging Global Warming as a Social

Problema: uma análise das contra-alegações do movimento conservador. *Social*

Problems 47.4, 499-522. Obtido de

http://www.climateaccess.org/sites/default/files/McCright_Challenging Global

Aquecimento.pdf

Mirza, B. (2014). Projeto de redução de gases de combustão do terminal de GNL do Qatar - JBOG. *Internacional*

Petroleum Technology Conference, 19-22 de janeiro, Doha, Qatar. Recuperado de https://doi.org/10.2523/IPTC-17233-MS

OCDE.(2016). Organização para a Cooperação e Desenvolvimento Económico. *OCDE CO2*

Emissões incorporadas no consumo. Direção de Ciência Tecnologia e

Enovação. Obtido de

https://www.oecd.org/sti/ind/EmbodiedCO2_Flyer.pdf

OPEP. (2017). *Factos e números do Qatar.* Obtido de

http://www.opec.org/opec_web/en/about_us/168.htm

Ozen, O., Wahlheim, T. A., Attia, T., Barrios, L., Bin Ab Majid, M. N., & Wilkinson, J.

(2014). *Piloto EOR de Injeção de CO no Campo de Dukhan: Modelação de Reservatórios &*

Planeamento. Conferência Internacional de Tecnologia do Petróleo. doi:10.2523/IPTC- 17504-MS.

Pashley, A. (2015, 20 de novembro). *Qatar super-rico entrega promessa climática da ONU sem metas.* Climate Home - Notícias sobre as alterações climáticas. Retrieved from http://www.climatechangenews.com/2015/11/20/super-rich-qatar-delivers- target-free-un-climate-pledge/

Pacala, S. e Socolow, R. (2004). Stabilization Wedges: Resolver o problema do clima nos próximos 50 anos com as tecnologias actuais. *Science, 305, número 5686*, 968-972. DOI: 10.1126/science.1100103

Penney, Rick. (2010). *Desenvolvimentos de Petróleo Pesado no Médio Oriente.* Schlumberger

Petronas. (2015). Petroliam National Berhad. *Relatório Anual 2015.* Obtido de

http://www.petronas.com.my/investor-

relations/Documents/PETRONASAnnualReport2015.pdf

Qatar Gas. (2011). *Relatório de Sustentabilidade 2011.* Recuperado de, https://www.qatargas.com/English/CorporateCitizenship/Documents/Sustainabi lity%20%20Report-EN.pdf

Visão Nacional do Qatar. (2016). *Segundo Relatório Nacional de Desenvolvimento Humano.*

Relatórios de Desenvolvimento Humano das Nações Unidas. Recuperado de

http://hdr.undp.org/en/content/advancing-sustainable-development

Qatar Gas.(2015). *Comunicado de imprensa: A Qatargas entrega a primeira carga à Tailândia ao abrigo do Acordo de Compra e Venda a longo prazo (09 de janeiro de 2015).* Obtido em https://www.qatargas.com/English/MediaCenter/PressReleases/2015/Pages/Fir st-cargo-to-Thailand.aspx

Relatório sobre as Contribuições Pretendidas Determinadas a Nível Nacional (INDC) do Qatar. (2015). Obtido em http://www4.unfccc.int/submissions/INDC/Published%20Documents/Qatar/1/Qatar%20INDCs%20Report%20-English.pdf

Autoridade de Investimento do Qatar. (2011). Notícias do Capital Negro. Recuperado de http://black-capital.com/news/2011/03/qatar-investment-authority/?lang=pt

Banco Nacional do Qatar. (2014). *Relatório de informação económica do Qatar.*

Obtido em http://www.qnb.co.id/img-file/921501document(49).pdf

Ministério dos Negócios Estrangeiros do Qatar. (2013). Obtido de

https://www.mofa.gov.qa/en/qatar/history-of-qatar

QNV 2030. (2008). *Visão Nacional do Qatar 2030*. Secretariado Geral para o Desenvolvimento

Planeamento. Obtido de

http://www.mdps.gov.qa/en/qnv1/pages/default.aspx.

QEERI. (2015). Instituto do Ambiente e Investigação do Qatar. Recuperado de http://www.qeeri.org.qa.

Qatar Rail. (2016). Obtido de

https://www.qr.com.qa/English/QatarRail/Pages/AboutUs.aspx.

Rouse, M. (2013er). O que é um gás com efeito de estufa? Recuperado

de http://whatis.techtarget.com/definition/greenhouse-gas

RasGas Company Limited. (2013). *Cidade Industrial de Ras Laffan*. Retirado de

https://www.rasgas.com/Operations/RLIC.html

RasGas Company Limited. (2015). *Relatório de Sustentabilidade da RasGas 2015: Fit for the Future.*

Obtido em http://www.rasgas.com/Sustainability.html

Sofotasiou, P., Hughes, B.R. e Calautit, J.K. (2015). Qatar 2022: Enfrentando os desafios climáticos e de legado da Copa do Mundo da FIFA. *Cidades e Sociedade Sustentáveis, 14* (16-30). Recuperado de http://dx.doi.org/10.1016/j.scs.2014.07.007

Shoeb, M. (2015). O Qatar pode construir o segundo terminal de GNL em Itália. *The Peninsula.*

A derradeira FAQ sobre alterações climáticas. (2011, 28 de janeiro). Se o vapor de água é o principal gás com efeito de estufa, porque é que as emissões produzidas pelo homem são importantes? *The Guardian*. Recuperado de

https://www.theguardian.com/environment/2011/jan/28/water-vapour- gases com efeito de estufa

The Guardian. (2011). *Se o vapor de água é o principal gás com efeito de estufa, porque é que as emissões produzidas pelo homem são importantes?* Obtido de

https://www.theguardian.com/environment/2011/jan/28/water-vapour- gases com efeito de estufa

Base de dados do Comité das Nações Unidas. (2016). Estatísticas do comércio internacional. Recuperado de, https://comtrade.un.org/data/

Nações Unidas. (2016). *Indicadores dos Objectivos de Desenvolvimento do Milénio*. O relatório oficial

Sítio das Nações Unidas para os indicadores dos ODM. Obtido de

https://mdgs.un.org/unsd/mdg/Metadata.aspx?IndicatorId=0&SeriesId=776

Convenção-Quadro das Nações Unidas sobre Alterações Climáticas. (2013). *Quioto*

Protocolo. Obtido em http://unfccc.int/kyoto_protocol/items/2830.php.

ONU-Água: Segurança da água. (2013, 1 de janeiro). Recuperado de

http://www.unwater.org/topics/water-security/en/

Vargese, Joseph. (2014). O Qatar importou 3,98 milhões de toneladas de alimentos em 2013. *Gulf Times*.

Recuperado de http://www.gulf-times.com/story/389143/Qatar-imported-3- 98mn-tonnes-of-food-in-2013.

Banco Mundial. (2016). *Indicadores de Desenvolvimento Mundial 2016*. Dados abertos do Banco Mundial.

Obtido em http://data.worldbank.org

Wiebe, K. e N. Yamano (2016). Estimating CO2 Emissions Embodied in Final Demand and Trade Using the OECD ICIO 2015: Methodology and Results. *Documentos de Trabalho da OCDE sobre Ciência, Tecnologia e Indústria*, 2016/05, Publicações da OCDE, Paris.

Obtido de

http://dx.doi.org/10.1787/5jlrcm216xkl-en

Fundo Mundial para a Natureza (2014). Relatório Planeta Vivo 2014. . Obtido de

https://www.worldwildlife.org/pages/living-planet-report-2014

Apêndice A

Informações adicionais sobre o gás natural do Qatar:

Exploração e produção de gás natural no Qatar

A produção de gás natural do Qatar provém principalmente da jazida do Norte, a maior jazida de gás do mundo. O campo Norte está localizado principalmente ao largo da costa, a nordeste do Qatar. O campo foi descoberto em 1971 e cobre uma área de 6.000 quilómetros quadrados com reservas comprovadas de mais de 900 triliões de pés cúbicos de gás não associado (Ministério dos Negócios Estrangeiros do Qatar, 2013). Após a descoberta do Campo Norte, o Qatar passou a ocupar o terceiro lugar, depois da Rússia e do Irão, em termos de reservas de gás natural (EIA, 2014). O produto do Campo Norte é partilhado com o Irão, uma vez que se encontra sob a fronteira aquática comum dos dois países (Ilustração 1).

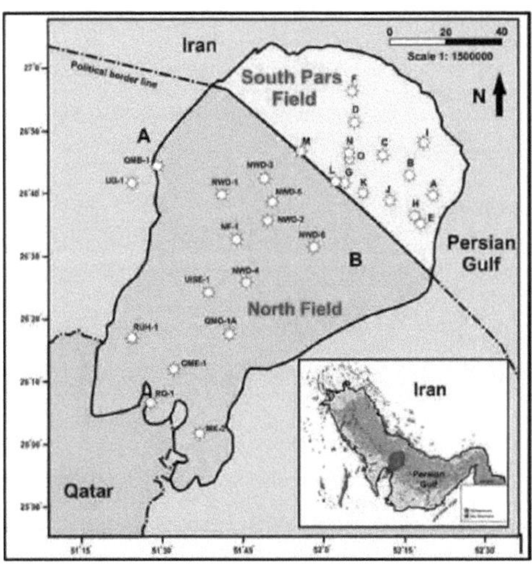

Ilustração 1: Localização do campo South Pars do Irão e do campo North do Qatar, um único reservatório supergigante separado apenas pela fronteira política (Esrafili-Dizaji, et al., 2013) O campo North desempenha um papel vital na economia do Qatar devido aos enormes investimentos que atrai. O campo também se encontra numa localização geográfica estratégica do mundo, o que reforça o mercado global da economia do gás natural do Qatar (Ministério dos Negócios Estrangeiros do Qatar, 2013). A produção de gás natural do Qatar é refinada na cidade industrial de Ras Laffan através da conversão do gás natural em gás natural liquefeito e líquidos. A cidade industrial de Ras Laffan também fornece instalações de armazenamento e exportação para o gás natural produzido. A cidade industrial de Ras Lafan fica perto do campo do Norte e constitui um porto que abastece o Extremo Oriente e a Europa (RasGas Company Limited, 2013).

As explorações no Qatar continuam a ser feitas com o objetivo de descobrir reservas adicionais, embora novas perfurações no Campo Norte tenham sido mantidas sob moratória desde 2005. Descobertas recentes de gás natural foram encontradas no Bloco 4 da formação de Khuff, a norte da costa do Qatar e mesmo à saída do Campo Norte (EIA, 2014). O desenvolvimento de projectos de gás natural no Qatar está a crescer com o benefício das novas tecnologias e da investigação e desenvolvimento em curso.

O Qatar é um líder mundial no desenvolvimento de tecnologias de conversão de gás em líquidos (GTL). De acordo com a EIA (2014), "o Qatar é um dos três únicos países - sendo os outros a África do Sul e a Malásia - a ter instalações GTL operacionais". A fábrica Qatar Oryx GTL e a fábrica Pearl GTL são duas instalações de produção de última geração para a conversão de gás em líquidos no Qatar. A Pearl QTL é a maior fábrica de GTL do mundo e a primeira com operação integrada de GTL, que junta a produção de gás natural a montante com a fábrica de conversão em terra (EIA, 2014).

Os desafios globais do Qatar em matéria de gás natural

O GNL do Qatar é responsável por um terço do negócio global de gás natural liquefeito (EIA, 2014). No entanto, a estratégia do Qatar de ser o maior exportador de GNL do mundo tem enfrentado muitos desafios. De acordo com o Ministro da Energia e Indústria do Qatar, Mohammed bin Saleh Al Sada (2014), o maior desafio para o Qatar é o desenvolvimento dos seus recursos num ambiente volátil. Al Sada declarou na terceira Conferência Produtor-Consumidor de GNL, realizada em Tóquio, em novembro de 2014, que "o maior desafio que a indústria do gás natural enfrenta é o de desenvolver os recursos num ambiente volátil, no meio da variação das percepções dos consumidores-produtores sobre a forma de assegurar a estabilidade dos mercados a longo prazo". O declínio do mercado dos EUA devido ao desenvolvimento do gás de xisto constitui um desafio importante para o mercado mundial do gás natural. Além disso, as exportações de GNL do Qatar destinam-se principalmente à Ásia, incluindo o Japão e a Coreia do Sul. Após o incidente de Fukushima, a procura de GNL por parte do Japão aumentou, uma vez que este país encerrou todos os seus reactores nucleares. Atualmente, o Japão está a trabalhar no reinício do seu reator nuclear, o que poderá provocar uma mudança no equilíbrio entre a oferta e a procura do Qatar. O Qatar é o segundo maior fornecedor de GNL do Japão. O Qatar também está a exportar volumes de GNL para a Europa a preços mais baixos, a fim de competir com o fornecimento de gás da Rússia através da Ucrânia. Além disso, a Rússia está a tentar exportar GNL para os mercados chinês e da Ásia Oriental, ameaçando o mercado de GNL do Qatar na Ásia. Outros desafios que o Qatar enfrenta enquanto principal exportador mundial de GNL é a concorrência da Austrália. A Austrália está atualmente a desenvolver sete novos projectos de GNL para aumentar as suas exportações de GNL para 85 milhões de toneladas até 2018. Prevê-se igualmente que as exportações de GNL dos EUA e do Canadá aumentem até 2020. Estima-se que os EUA produzirão até 50 milhões de toneladas e o Canadá entre 35 milhões e 50 milhões de toneladas até 2020.

Além disso, a descoberta de novos campos de gás africanos em Moçambique e na Tanzânia terá um impacto nas tendências do mercado global de gás natural (Mills, 2014).

O Qatar é líder em energia limpa em termos de gás natural

O Qatar continua a ser um líder mundial no sector do gás natural em todo o mundo. O Qatar está ansioso por manter o seu estatuto no mercado do gás natural, ultrapassando os desafios globais. A Austrália impõe ameaças mínimas à supremacia do Qatar no sector do gás natural, uma vez que o Qatar detém 14% das reservas mundiais de gás natural, com 25,4 biliões de metros cúbicos, enquanto a Austrália tem apenas quatro biliões de metros cúbicos. Além disso, o Qatar tem um custo de produção de GNL mais barato do que a Austrália, o que torna o GNL ainda rentável para o Qatar na presença de concorrentes no mercado. O Qatar está atualmente a concentrar-se no desenvolvimento da energia e dos produtos petroquímicos nacionais, em vez de expandir a sua produção a nível mundial. De acordo com o relatório Qatar National Bank's Qatar Economic Insight (2014), "em 2013, cerca de 52,6% da produção de gás foi atribuída às exportações de GNL, mas o programa de expansão está agora concluído e espera-se que a produção de GNL atinja um patamar". Internamente, o consumo de gás natural do Qatar está a aumentar continuamente devido aos enormes projectos e desenvolvimentos que o Qatar está a realizar para cumprir a sua Visão Nacional 2030. A maior parte do consumo de gás natural no Qatar é feita através da eletricidade e da dessalinização da água. Em conjunto com o rápido desenvolvimento do Qatar, o governo do Qatar sempre destacou as questões ambientais através da monitorização constante das actividades em curso na indústria do gás. O governo do Qatar também está a estabelecer regulamentos e normas rigorosos para empresas e indivíduos, a fim de manter um ambiente melhor. A utilização do gás natural em vez de outros combustíveis terá um grande impacto no abrandamento do aumento das emissões de gases com efeito de estufa e de outros poluentes atmosféricos.

Printed by Books on Demand GmbH, Norderstedt / Germany